FUNDAMENTOS DE TERMODINÂMICA QUÍMICA

E. BRIAN SMITH
MEMBRO DO ST. CATHERIN'S COLLEGE. OXFORD

FUNDAMENTOS DE TERMODINÂMICA QUÍMICA

Traduzido por
VICTOR MANUEL DE MATOS LOBO
Professor de Química da Universidade de Coimbra

LIVRARIA ALMEDINA
Arco de Almedina, 15
R. Ferreira Borges, 121
COIMBRA — 1977

Traduzido do livro publicado em inglês sob o título

BASIC CHEMICAL THERMODYNAMICS

pela Oxford University Press, Ely House, London W.1

© Oxford University Press 1973

Todos os direitos reservados

Prefácio do editor

A termodinâmica é uma estrutura notavelmente intelectual, porquanto lida com relações matemáticas entre observações e é independente de modelos teóricos da natureza microscópica da matéria. E por causa desta independência e imediaticidade é também notavelmente útil. A partir de diversas experiências (e agora, portanto, a partir de dados tabelados) somos capazes de prever propriedades tais como a direcção duma transformação química (ou física) e a composição de misturas de reacções em equilíbrio, e a resposta destas propriedades à variação nas condições externas. Podemos compreender a termodinâmica mais profundamente se podermos relacionar as suas ideias às propriedades moleculares adjacentes; mas tal passo não é essencial, e é possível relacionar os seus resultados (e deduzir mais resultados), desde que as suas técnicas sejam compreendidas. Por conseguinte, este volume situa a termodinâmica num contexto químico; não é exaustivo mas destina-se a tratar duma maneira breve e simples as ideias da termodinâmica química, para dar ênfase a alguns dos seus resultados principais e mais úteis, e ilustrar as suas aplicações mais comuns.

A maior parte das ideias apresentadas aqui são desenvolvidas em outros livros desta série. Em particular, a aplicação da termodinâmica a sistemas inorgânicos pode ser acompanhada pelos livros da série *Ions in solution:* em *An introduction to electrochemistry* explica-se o conceito de actividade e descrevem-se, em pormenor, pilhas electroquímicas e em *Inorganic properties* encontra-se racionalizado, em termos de termodinâmica, o comportamento dos iões inorgânicos. Não-electrólitos constituem um caso particular de sistemas nos quais podem ser estudados os desvios de idealidade, e estes serão descritos no volume *Solutions of non-electrolytes* a sair em breve. Um desenvolvimento particular da termodinâmica para química orgânica é a chamada relação linear da energia-livre: tal é descrito no volume *Correlation analysis in organic chemistry*.

P. W. A.

Prefácio

A primeira vez que ouvi falar em Termodinâmica Química foi quando um aluno do segundo ano me falou nisso no início do meu primeiro ano. Contou-me uma história de fazer arrepiar, onde havia aulas intermináveis, com quase trezentas equações numeradas, e parecia que todas tinham de ser metidas na memória e reproduzidas exactamente na mesma forma em exames subsequentes. Essas equações continham, não somente todos os símbolos algébricos normais, mas, mais ainda, estavam cheias de asteriscos, espadas e círculos de maneira a estirar mesmo os mais poderosos cérebros!

Ninguém negaria as qualidades de formação de carácter e exercitação da memória de um tal assunto! Contudo, os jovens químicos de hoje têm outras preocupações urgentes a ocuparem-lhes o tempo. E a termodinâmica química não necessita de ser um ramo da álgebra particularmente exotérico: para o estudante que tem os primeiros contactos com o assunto só é importante um punhado de relações termodinâmicas. É essencialmente um assunto prático que interrelaciona quantidades que podem ser medidas no laboratório (umas mais facilmente que outras).

Este livro não se destina a ser um livro de texto formal de termodinâmica. Destina-se, sim, a tornar o principiante familiarizado com os conceitos da termodinâmica e conhecedor das relações termodinâmicas que usará no laboratório. Numa recente conferência sobre o ensino da termodinâmica concluiu-se que "não havia lugar para axiomática para principiantes deste estudo" ([1]). A apresentação neste livro é com certeza não-axiomática e ocasionalmente não-rigorosa. Há frequentemente um conflito directo entre o rigor e a clareza na apresentação da termodinâmica elementar e este livro desvia-se mais do caminho do rigor que muitos outros. As analogias utilizadas para fornecer uma "vista para o interior" são (como todas as analogias) capazes de ser enganadoras se forem examinadas em demasiado detalhe ou levadas

---

([1]) Ver H. A. Skinner (1971), *Chemistry in Britain*, 7, 438.

longe de mais. Contudo, o ensino deste assunto ao longo de muitos anos convenceu-me que esta via é, no seu conjunto, benéfica.

O livro pressupõe que o leitor já teve um curso em física elementar e esteja familiarizado com os conceitos de energia potencial e cinética, trabalho, calor, temperatura e o estado de gás perfeito. Pressupõe também conhecimentos elementares de cálculo.

Nos capítulos 1, 2 e 3 expõem-se os conceitos básicos da termodinâmica química: a energia, a entropia e o equilíbrio. O capítulo 4 introduz a energia livre e desenvolve a via termodinâmica para a compreensão do equilíbrio em sistemas químicos. A ordem de apresentação de material difere da mais vulgarmente empregue na medida em que a determinação de quantidades termodinâmicas é adiada até ao capítulo 5. Neste capítulo, as variações de energia livre e entropia que acompanham as reacções químicas são tratadas conjuntamente com variações de entropia, que frequentemente são tratadas mais cedo. Estes cinco capítulos formam a base de um curso introdutório em Termodinâmica Química. O capítulo 6 desenvolve o conceito de solução ideal e aplica-o às propriedades coligativas. A maior parte deste capítulo podia também ser incluída numa primeira fase de ensino deste assunto. O capítulo 7 e muito do capítulo 8, por outro lado, contêm principalmente notas que se pretende que sirvam de ponte entre a termodinâmica elementar dos capítulos anteriores e estudos mais completos.

A notação é consistente com as recomendações da IUPAC de 1969 e empregam-se unidades SI. Não se dispõe de uma grande quantidade de dados termodinâmicos em unidades SI e para isso fornece-se uma razoável quantidade destes dados nos apêndices I e II. Através do texto deu-se sempre ênfase aos princípios físicos de base, e evitou-se, tanto quanto possível uma manipulação matemática extensiva. A fim de frisar que a termodinâmica química não é um exercício de álgebra elementar, não se numeraram as equações individuais. As relações mais importantes identificaram-se no texto. Quando é necessário uma referência à origem duma equação dá-se a secção do livro na qual é apresentada.

PREFÁCIO

Estou agradecido a muitos professores e colegas, não menos ao Professor J. H. Hildebrand que aos 90 anos ainda contribui para a minha educação em termodinâmica. Espero que outros escritores deste assunto de quem tenho tirado ideias ou analogias interpretem isso como um elogio. Gostaria de agradecer a Dr. G. C. Maitland, Dr. R. P. H. Gasser, Mr. P. Scott e Dr. L. A. K. Staveley que contribuiram com numerosas ideias para melhorar o manuscrito e ao Dr. P. W. Atkins pelo seu conselho editorial e científico.

Sem dúvida que haverá muitos erros e fracos argumentos para o leitor descobrir. Ficaria muito agradecido de ser informado deles.

E. B. Smith

Physical Chemistry Laboratory
Oxford
1972

Índice das matérias

NOTAÇÃO   XIII

1. INTRODUÇÃO   1

    1. O objectivo e a natureza da termodinâmica química. 2. O equilíbrio nos sistemas mecânicos. 3. Reversibilidade e equilíbrio. 4. Porque necessitamos da termodinâmica. 5. O gás perfeito.

2. ENERGIA   12

    1. Trabalho. 2. Calor e temperatura. 3. A medida da temperatura. 4. O calor e o movimento molecular. 5. A conservação de energia. 6. Funções de estado: um percurso. 7. Entalpia. 8. Capacidade calorífica.

3. ENTROPIA E EQUILÍBRIO   26

    1. Reversibilidade e equilíbrio: uma recapitulação. 2. Condição de equilíbrio. 3. Entropia. 4. A entropia como uma função de estado. 5. Entropia de expansão de um gás. 6. Variações de entropia que acompanham fluxos de calor. 7. A entropia e o equilíbrio. 8. O lado cosmológico. 9. A entropia como função da pressão e da temperatura. 10. Base molecular da entropia. 11. Base estatística do 2.º Princípio. 12. Magnitude das variações de entropia. 13. Máquinas térmicas.

4. O EQUILÍBRIO NOS SISTEMAS QUÍMICOS   43

    1. A energia livre. 2. Energia livre de Gibbs. 3. Variação da energia livre com a pressão. 4. Variação da energia livre com a temperatura. 5. Equilíbrio de fase. 6. A equação de Clapeyron. 7. A equação de Clausius-Clapeyron. 8. A pressão de vapor de líquidos. 9. Potencial químico. 10. O potencial químico e a energia livre. 11. O equilíbrio entre reagentes gasosos. 12. As constantes de equilíbrio, função da temperatura. 13. Efeito da pressão nas constantes de equilíbrio. 14. Resultados básicos da termodinâmica química. 15. O Princípio de Le Chatelier.

5. DETERMINAÇÃO DE QUANTIDADES TERMODINÂMICAS   72

    1. A Lei de Hess. 2. Entalpias de formação padrão. 3. Energia de ligação. 4. Dependência das variações de entalpia da temperatura. 5. Energias de formação padrão. 6. Determinação das variações de

ÍNDICE DAS MATÉRIAS

energia. 7. Determinação das entropias das substâncias. 8. Exemplo da determinação de quantidades termodinâmicas. 9. Cálculo das quantidades termodinâmicas a temperaturas diferentes de 298 K.

6. SOLUÇÕES IDEAIS — 90

1. A solução ideal. 2. Propriedades das soluções verdadeiramente ideais. 3. Mistura de líquidos. 4. Soluções ideais de sólidos em líquidos. 5. Soluções diluídas ideais. 6. Propriedades coligativas. 7. Depressão do ponto de congelação. 8. Elevação do ponto de ebulição. 9. Pressão osmótica. 10. Propriedades do soluto em soluções diluídas. 11. Solubilidade de sólidos.

7. SOLUÇÕES NÃO IDEAIS — 113

1. O conceito de actividade. 2. Actividade de sólidos em líquidos. 3. Actividade nas soluções aquosas. 4. Equilíbrios químicos em solução. 5. Pilhas electroquímicas. 6. Potenciais normais de eléctrodo.

8. TERMODINÂMICA DOS GASES — 132

1. Expansão de um gás perfeito. 2. Expansão irreversível. 3. Equação de estado dos gases. 4. A experiência de Joule-Thomson. 5. Gases imperfeitos: fugacidade. 6. Cálculo das fugacidades.

RESPOSTAS DOS PROBLEMAS — 142

APÊNDICE I — 143

APÊNDICE II — 146

LEITURAS POSTERIORES — 147

ÍNDICE ALFABÉTICO — 149

Notação

A notação das quantidades termodinâmicas usadas neste livro segue as recomendações da União Internacional de Química Pura e Aplicada tal como publicada no volume I. U. P. A. C., *Manual of Symbols and Terminology for Physicochemical Quantities and Units* (Butterworths, London, 1969).

Símbolos

trabalho	w	extensão da reacção	ξ
calor	q	força electromotriz	E
energia interna	U	potencial químico	μ
entropia	S	massa	M
entalpia	H	número de moles	n
e. l. de Helmholtz	A	quantidade de carga	Q
e. l. de Gibbs	G	constante de equilíbrio	K
pressão	P	capacidade calorífica	C
volume	V	fracção molar	x
temperatura	T	concentração	c

Os sítios em que, ocasionalmente, estes símbolos foram usados para representar quantidades diferentes são claramente indicados no texto.

A fim de simplificar as equações, não se distinguiram propriedades de todo o sistema e propriedades por mole por alteração na notação. No texto torna-se claro o contexto no qual se define uma propriedade. Na maioria dos casos, as propriedades termodinâmicas referem-se a uma mole de material e alterações nas propriedades termodinâmicas são para uma mole da reacção.

O estado físico de uma substância é indicado por símbolos da propriedade em causa. Assim $H_i(l)$ indicaria a entalpia da substância i no estado líquido. Os processos termodinâmicos são indicados por subscritos. Assim ΔH_{vap} indica uma variação de entalpia no processo de vaporização. Referir-se-á à variação para uma mole de substância, excepto se indicado de outra maneira. O ponto de fusão de uma substância seria indicado por T_{fus}.

Estado		*Processo*	
gás	(g)	vaporização	vap
líquido	(l)	fusão	fus
sólido	(s)	mistura	mix
solução	(soln)	transição	trans
solução aquosa	(aq)	formação de elementos	f

NOTAÇÃO

Estados padrão. Usam-se três símbolos para estados padrão como subscritos:
- 0   substância a 1 atm
- *   substância a pressão arbitrária
- ⊖   Estado padrão arbitrário (frequentemente estado hipotético)

Os componentes químicos de um sistema são indicados por subscrito, tal como em $\Delta U = U_B - U_A$. O subscrito i usa-se para marcar um composto químico não especificado em equação de aplicabilidade geral.

Os subscritos A e B usam-se também para indicar diferentes estados do sistema. Muito ocasionalmente usam-se outros subscritos, e estes são definidos na secção em que aparecem. É exemplo x_{id}, a solubilidade ideal de um sólido num líquido, tratado na secção 7.2.

1. Introdução

1.1 O objectivo e a natureza da termodinâmica química

A termodinâmica é uma das técnicas mais poderosas à nossa disposição para o estudo de fenómenos naturais. Apesar do seu nome, não diz respeito à dinâmica dos sistemas mas antes às suas posições de equilíbrio, aquelas posições nos quais eles não mostram tendência para posteriores alterações. Não requer quaisquer pressupostos acerca da natureza das moléculas que fazem um sistema, nem sequer é necessário pressupor que as moléculas existem, e consequentemente as suas conclusões são muito gerais. A termodinâmica dá aos cientistas um conjunto de relações entre as propriedades *macroscópicas* que podemos medir no laboratório, tais como a temperatura, a constante de equilíbrio, o volume, e a solubilidade. Estas relações podem ser derivadas a partir de alguns postulados iniciais, os chamados Princípios da Termodinâmica.

Consideremos um exemplo importante de equilíbrio químico:

$$N_2 + 3H_2 \rightleftharpoons 2NH_3.$$

Ele é a base do Processo Haber para o fabrico de amónia [1]. Como químicos gostaríamos de responder a um número de questões acerca de tais equilíbrios.

(i) Que propriedades do N_2, H_2, e NH_3 determinam a posição de equilíbrio a uma dada temperatura e pressão? Por outras palavras, daquilo que sabemos, ou poderíamos averiguar, acerca das propriedades daqueles gases, gostaríamos de prever quanto NH_3 será formado num dado conjunto de condições.

(ii) Em que extensão será alterada a posição de equilíbrio se alterarmos a temperatura e a pressão?

Estas são perguntas (entre muitas outras) para as quais a termodinâmica dá uma resposta. Contudo, as posições de equi-

---

[1] Diz-se que a descoberta deste processo pela aplicação de argumentos termodinâmicos salvou a Alemanha de derrota quase imediata na Primeira Gerra Mundial formando nitratos para a manufactura de explosivos — um exemplo da importância deste assunto.

líbrio previstas pela termodinâmica podem, na prática, nem sempre ser atingidas. Efectivamente no nosso exemplo, a síntese da amónia, é essencial um catalizador para facilitar o atingir-se o equilíbrio.

1.2 O equilíbrio nos sistemas mecânicos

A experiência com o mundo físico dá-nos uma boa visão da posição de equilíbrio em sistemas mecânicos. Usaremos a palavra sistema para significar aquela porção do universo que temos sob investigação num dado tempo. O sistema está separado do resto do universo (o exterior) por limites que podem ser físicos como as paredes de um vaso ou menos concretos como no exemplo abaixo citado.

Sistema não produzindo trabalho

Centremos a nossa atenção num sistema que não produz trabalho. Mais tarde teremos que definir o que entendemos por trabalho, mas para já podemos considerar trabalho o levantar de um peso. Um exemplo de um sistema que não faz nenhum trabalho seria uma bola a rolar para o fundo de uma taça ou um trenó a deslizar pela encosta de um monte (Fig. 1.1). Sabemos que tais objectos mover-se-ão, se livres de o fazerem, para uma posição de energia potencial mínima (¹). Sabemos também que poderíamos usar o objecto para fazer trabalho à medida que este

Fig. 1.1. Tendência para o equilíbrio para um sistema mecânico que não produz trabalho.

(¹) Esta afirmação implica a presença de forças de fricção. Na sua ausência, o trenó oscilaria eternamente em torno da posição de energia potencial mínima.

desliza para baixo, por exemplo, levantando um objecto mais leve por intermédio de um cabo e de uma roldana. À medida que o nosso trenó desce para o fundo do monte perde capacidade de fazer trabalho que neste sistema mecânico simples é precisamente a sua energia potencial $U = Mgh$, onde M é a sua massa, g a aceleração devida à gravidade e h a sua altura acima da posição de equilíbrio. Na sua posição de equilíbrio a energia potencial é mínima e consequentemente $dU = 0$. Além disso qualquer movimento *espontâneo* do trenó na encosta do monte será de molde a reduzir a sua energia potencial e por consequência reduzir a sua capacidade para fazer trabalho — um trenó nunca escorrega espontaneamente pelo monte acima.

Sistema produzindo trabalho

Centremos agora a nossa atenção num sistema que possa fornecer trabalho ao exterior. Consideremos outra vez o trenó na encosta como sendo o nosso sistema mas agora acopolado a um peso que levanta à medida que desliza pela encosta (Fig. 1.2).

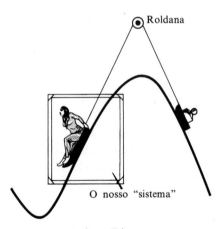

Fig. 1.2. Equilíbrio num sistema mecânico montado para produzir trabalho.

Talvez seja mais fácil compreender os factores que controlam o equilíbrio nesta situação se simplificarmos o nosso modelo ainda mais e considerarmos 2 pesos pendurados por intermédio de uma roldana movendo-se sem atrito (Fig. 1.3). O sistema estará em equilíbrio quando $M_1 = M_2$ porquanto as forças estarão então balanceadas.

Podemos definir esta posição de equilíbrio de outra maneira que será útil no nosso estudo de termodinâmica. Se deixarmos a massa M_1 cair de uma distância dh fará o trabalho $M_2 g dh$,

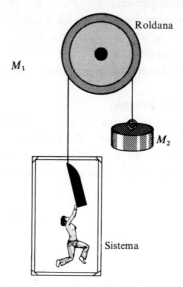

Fig. 1.3. Um sistema mecânico montado para produzir trabalho.

enquanto levanta M_2 (onde $M_2 < M_1$). Se fizermos M_2 mais próximo de M_1 obteremos mais trabalho, até que para $M_1 = M_2$ um deslocamento infinitesimal conduzirá ao trabalho $M_1 g dh$. Este é o *trabalho máximo* que M_1 pode fazer porquanto está agora a levantar uma massa igual. Quando $M_1 = M_2$ o sistema está, sem dúvida, em equilíbrio; por conseguinte podemos definir a condição de equilíbrio de um sistema, como aquela para a qual um pequeno deslocamento faz com que o sistema produza o trabalho máximo possível.

O trabalho feito pelo sistema é igual à perda de energia potencial, $-dU$, do sistema. Como estabelecemos na secção anterior, se o sistema é incapaz de produzir trabalho exterior, então no equilíbrio, como o trabalho feito pelo sistema é igual a $-dU$, teremos $dU = 0$ e a sua energia potencial será mínima

1.3 Reversibilidade e equilíbrio

Todos os processos que observamos na natureza *são irreversíveis*. O nosso trenó escorregando no declive dissipa a sua energia potencial sob a forma de calor friccional. Para repor o veículo no topo do monte temos de fazer trabalho — ele não regressa espontaneamente. Além disso não podemos, por razões a explicar mais tarde, colectar o calor gerado pelo trenó e usá-lo (numa máquina) para gerar suficiente trabalho para repor o trenó na posição inicial.

Contudo, é possível imaginar um processo *reversível*. Na Fig. 1.4 se $M_1 = M_2 + \Delta M$ o maior peso cairá com velocidade crescente. Se cai de uma altura h o trabalho mínimo necessário para o repor na posição original será ΔMgh. Contudo, se $M_1 = M_2 + dM$, de tal maneira que os pesos só difiram numa quantidade infinitamente pequena, a queda de M_1 seria infinita-

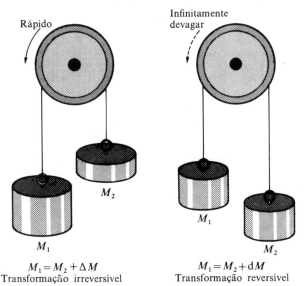

Fig. 1.4. Trocas reversíveis e irreversíveis em sistema mecânico.

mente vagarosa e produziria a máxima quantidade de trabalho. Para repor o sistema, isto é, o peso M_1 para o seu ponto de partida, só é necessário uma quantidade infinitesimal de trabalho $dMgh$. Em todos os pontos e durante o processo reversível $M_1 = M_2 + dM$, uma condição que é indistinguível de $M_1 = M_2$, a condição para o equilíbrio do sistema. Uma transformação reversível é, por consequência, aquela executada de tal maneira que o sistema esteja sempre em equilíbrio e consequentemente evolui infinitamente devagar, ao contrário dos processos que se observam na natureza.

Em resumo — se duas forças opostas actuam num corpo, como ilustrado na Fig. 1.5, podemos identificar condições que conduzem a transformações espontâneas, irreversíveis e outras que conduzem a transformações reversíveis. Para uma transformação reversível $F_1 = F_2 + dF$; tal transformação será infinitamente vagarosa

Fig. 1.5. Duas forças opostas actuando num corpo (ver texto).

mas fará a máxima quantidade de trabalho. Uma transformação espontânea, observável, exige $F_1 = F_2 + \Delta F$; desenvolve-se a velocidade finita mas faz menos trabalho que o máximo possível.

As condições que têm de ser satisfeitas numa transformação reversível são as mesmas que as condições que têm de ser satisfeitas para um sistema estar em equilíbrio. Embora pareça contribuir pouco para a nossa compreensão do equilíbrio em sistemas mecânicos, a ideia de processos reversíveis como comportamento limite, é de grande importância no estudo do equilíbrio em sistemas químicos.

1.4 Porque necessitamos da termodinâmica

Tendo sido visto o equilíbrio em sistemas mecânicos tão expeditamente, poder-se-á perguntar por que é que a termodinâmica ocupa tanto tempo no ensino da química. A razão é que as regras que estabelecemos para os sistemas mecânicos não são inteiramente satisfatórias no mundo dos fenómenos físico-químicos. Quando o bloco no prato ilustrado na Fig. 1.6 escorrega para a sua posição de equilíbrio, o excesso da sua energia potencial é

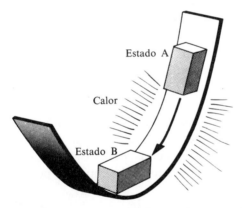

Fig. 1.6. Tendência para o equilíbrio num sistema mecânico.
A energia potencial é dissipada como calor à medida que o bloco se move para um estado de mais baixa energia.

cedido como calor (a menos que o bloco faça trabalho levantando um peso). Se os processos químicos seguissem regras semelhantes esperaríamos que libertassem calor sempre que tendessem para o equilíbrio ([1]). O calor libertado aqueceria o sistema. É o que observamos se juntarmos NaOH sólido à água. A posição de equilíbrio — a solução de NaOH em água — tem uma energia mais baixa, pois liberta-se energia na forma de calor (Fig. 1.7).

([1]) Isto é verdade somente se o processo químico não fizer trabalho.

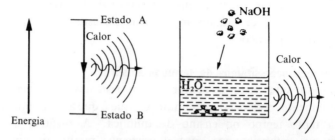

Fig. 1.7. Tendência para o equilíbrio num processo químico exotérmico: há libertação de calor.

Tais observações conduziram os pioneiros da termoquímica (como esta área de investigação é chamada) a sugerir que todas as reacções químicas espontâneas deveriam ser acompanhadas da libertação de calor (isto é, serem exotérmicas). Thomsen (1854) e Berthelot pensaram que as trocas de calor podiam ser usadas para explicar as direcções das reacções químicas.

Contudo, se adicionarmos $NaNO_3$ sólido à água, verificamos que há absorção de calor e o sistema arrefece. (O processo é *endotérmico*). Neste caso temos um sistema que «sobe pelo monte acima» na escala de energia para atingir a sua posição de equilíbrio (Fig. 1.8). Por outras palavras, neste sistema, a energia não pode ser o único factor a determinar a posição de equilíbrio.

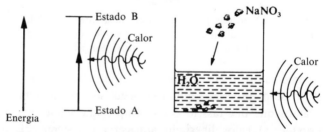

Fig. 1.8. Tendência para o equilíbrio com um processo químico endotérmico: há absorção de calor.

A existência de uma outra força impulsionando sistemas físico-químicos para o equilíbrio pode ainda ser ilustrada se considerarmos sistemas cuja energia é constante.

(i) *A expansão de um gás.* Consideremos um gás confinado numa das duas esferas ligadas por uma torneira, tendo a outra vazio (Fig. 1.9). Se abrirmos a torneira, o gás fluirá até se distribuir uniformemente entre as duas esferas. Para um gás perfeito (e a maior parte dos gases reais são quase perfeitos em condições

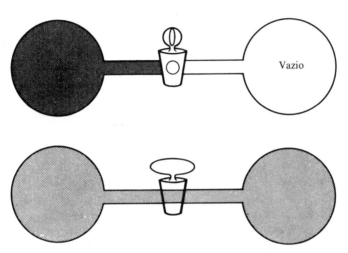

Fig. 1.9. Expansão de um gás para o vazio.

normais) nenhuma alteração de energia acompanhou esta expansão. Contudo, é claro que há *alguma* força que faz com que o gás se distribua entre as duas esferas.

(ii) *Fluxo de calor.* Se um bloco de metal quente for colocado em contacto térmico com um bloco mais frio, energia, na forma de calor, fluirá até que ambos os corpos estejam à mesma temperatura (Fig. 1.10). Se tal sistema estiver isolado do exterior não haverá alteração na energia total. Uma vez mais, uma propriedade, além da energia, tem de determinar a direcção do caminho para o equilíbrio.

A existência deste factor extra explica a necessidade, a fim de compreendermos o equilíbrio nos sistemas físico-químicos, de termos uma análise mais aperfeiçoada que a requerida para sistemas mecânicos.

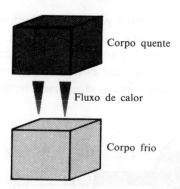

Fig. 1.10. Fluxo de calor de um corpo quente para um corpo frio.

1.5 O gás perfeito

Temos primeiramente de considerar as propriedades do estado de gás perfeito. Este estado, para o qual tendem os gases reais a baixas pressões, desempenha um papel importante na termodinâmica química.

Um gás perfeito pode ser definido como aquele que satisfaz a duas condições:

(i) A pressão, o volume, e a temperatura estão relacionadas pela equação

$$PV = nRT$$

onde n é o número de moles da substância e R é a constante do gás.

(ii) A energia do gás depende somente da sua temperatura e não da sua pressão e volume. (É possível mostrar que esta segunda condição é uma consequência directa da primeira. Tal será feito mais tarde — para já aceitemos a segunda condição como independente).

Por vezes inclui-se uma terceira condição: que o calor específico do gás seja constante.

Embora não necessitemos de invocar o conhecimento da natureza molecular da matéria a fim de compreendermos as conclusões da termodinâmica química, no caso do gás perfeito é útil fazê-lo. O estado de gás perfeito ocorre quando as moléculas se comportam simplesmente como pontos de massa que não interaccionam; isto é, elas nem se atraem nem se repelem. A energia total de um tal gás é simplesmente a sua energia cinética e pode-se mostrar que esta é directamente proporcional à temperatura absoluta. Como não há energia potencial derivada de forças entre as moléculas, é evidente que a energia do gás não se altera quando o seu volume varia, ou se altera a distância média entre as moléculas.

Numa mistura de gases perfeitos, e uma vez que as moléculas não ocupam espaço e não interaccionam, cada gás comporta-se como se estivesse isolado no vaso. A pressão total é, por consequência, somente a soma das pressões que cada um dos gases exerceria se estivesse só no mesmo volume. Estas pressões têm o nome de *pressões parciais* dos gases. Se se misturam n_A moléculas do gás perfeito A e n_B moléculas do gás perfeito B podemos escrever que a pressão total P é $P = P_A + P_B$. As contribuições de A e B para a pressão total dependem simplesmente do número de moléculas de cada uma destas substâncias presentes. Assim, as pressões parciais P_A e P_B são dadas por

$$P_A = \left(\frac{n_A}{n_A + n_B}\right)P \quad \text{e} \quad P_B = \left(\frac{n_B}{n_A + n_B}\right)P.$$

$\{n_A/(n_A + n_B)\}$ é chamada a *fracção molar* da substância A na mistura, e denota-se geralmente por x_A.

2. Energia

2.1 Trabalho

Fizemos já uma distinção entre dois tipos de energia que podem ser transferidos de um sistema para outro, trabalho e calor. Sem dúvida que, se aplicar energia a um pé de uma pessoa deixando-lhe cair um peso ou pondo-o em água quente, a pessoa dá bem conta da diferença. Em termodinâmica a definição formal de trabalho — «trabalho é a transferência de energia de um sistema mecânico para outro; é sempre convertível no levantar de um peso» — é melhor ilustrada por exemplos.

O trabalho pode ser expresso em termos de uma força e do deslocamento do seu ponto de acção.

$$w = \int_{L_1}^{L_2} F \, dL.$$

A expansão é um exemplo de trabalho que frequentemente ocorre em problemas químicos. É o trabalho feito empurrando a atmosfera quando o sistema altera o seu volume. Definiremos como positivo o trabalho feito *sobre* o sistema (porquanto tal conduz a que o sistema ganhe energia) e como negativo o trabalho feito *pelo* sistema. Se um gás se expande contra a pressão externa P_{ex} (Fig. 2.1), o trabalho em jogo é

$$w = \int_{L_1}^{L_2} \{-P_{ex}A\} \, dL$$

onde A é a área do êmbolo e L a distância que este percorre. Como $A \, dL = dV$

$$w = -\int_{V_1}^{V_2} P_{ex} \, dV.$$

Para uma pressão externa constante $w = -P_{ex} \Delta V$. Se a expansão for reversível, isto é, o sistema estiver sempre em equilíbrio durante a expansão, $P_{ex} = P$ e

$$\boxed{w_{rev} = -\int_{V_1}^{V_2} P \, dV}.$$

Se a pressão for constante $w_{rev} = -P \Delta V$.

ENERGIA

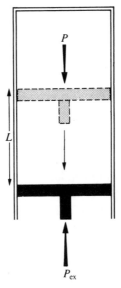

Fig. 2.1. Expansão de um gás contra uma pressão externa.

Ocorre o sinal negativo porque consideramos uma quantidade negativa o trabalho feito *pelo* sistema porquanto é energia «perdida» pelo sistema. Para uma expansão, ΔV é uma quantidade positiva e o sistema produz trabalho conducente a um valor negativo de w ([1]).

Há, sem dúvida, muitos outros tipos de trabalho. Um que geralmente ocorre em química-física é o trabalho eléctrico, no qual uma carga Q se move através de uma diferença de potencial eléctrico E (não se deve confundir E com energia). Neste caso $w = -\int E \, dQ$. Este é o tipo de trabalho que se pode obter de pilhas electroquímicas.

([1]) Esta definição em que é negativo o trabalho feito pelo sistema, tornará um pouco difíceis algumas explicações que se seguem. É a permitida por acordo internacional sobre nomenclatura termodinâmica e por conseguinte é seguida neste livro.

2.2 Calor e temperatura

A compreensão do que se entende por calor provou ser um desafio aos pioneiros da termodinâmica. De facto, a equivalência do calor e trabalho como formas diferentes de energia não foi inequivocamente estabelecido senão há relativamente pouco tempo. Em 1842 Mayer, um médico alemão, enunciou a Lei da Conservação da Energia na sua forma moderna, incluindo todas as formas de energia, entre elas o calor. Agora definimos calor como «a transferência de energia que resulta de diferenças de temperatura».

A dificuldade de compreender o calor levantou-se principalmente da confusão com o conceito de temperatura. Os primeiros cientistas tendiam a acreditar que os objectos atingiam o equilíbrio térmico quando cada um deles continha igual quantidade de calor por unidade de volume. Black, cujo trabalho foi publicado após a sua morte em 1799, fez muito para clarificar a posição. Mostrou que substâncias diferentes têm diferentes capacidades caloríficas. O equilíbrio térmico estabele-se entre dois corpos quando as suas *temperaturas* atingem o mesmo valor. Calor fluirá até que os gradientes de temperatura desapareçam ([1]). Assim a diferença de temperatura fornece a força motriz para o fluxo de calor. A relação entre a quantidade de calor transferida para um corpo, e a consequente alteração na sua temperatura depende da sua capacidade calorífica:

$$C = \frac{dq}{dT},$$

onde C é a capacidade calorífica, q o calor, e T a temperatura.

2.3 A medida da temperatura

A temperatura pode ser medida usando qualquer corpo contendo uma propriedade conveniente que dependa de quão quente o corpo está. Contudo, a fim de não nos envolvermos

---

([1]) A observação que quando dois corpos estão em equilíbrio térmico com um terceiro então eles têm de estar em equilíbrio térmico entre si é frequentemente chamada a Lei Zero da Termodinâmica. É a base para o conceito da temperatura.

demasiado profundamente no problema de uma devida definição de temperatura ([1]), definiremos temperatura tal como medida na escala do gás perfeito. Assim, para uma quantidade fixa de gás perfeito, a volume constante $T \propto P$. Esta relação conjuntamente com a definição do ponto de fusão do gelo como 273·15 K (ou mais exactamente o ponto triplo da água como 273·15 K), dá-nos uma escala de temperatura completa. Assim, uma vez definido o ponto de fusão, o ponto de ebulição ou qualquer outra temperatura característica pode ser medida usando a relação

$$P_1/P_2 = T_1/T_2$$

para um gás perfeito como ilustrado na Fig. 2.2.

2.4 O calor e o movimento molecular

Embora a termodinâmica não exija que se invoque a natureza molecular da matéria, torna-se frequentemente útil fazê-lo. É particularmente útil na distinção entre calor e trabalho. O trabalho pode ser tomado como a energia associada com corpos movendo-se *ordenadamente*, ou com as partículas que o constituem, por exemplo, empurrando fronteiras. São deste tipo os movimentos do centro de massa ou o fluxo de electrões num fio. Por outro lado, fluxos de calor são o movimento de energia térmica. Tal movimento desordenado não pode ser convertido *todo* em trabalho a menos que pudéssemos parar completamente as moléculas — uma impossibilidade em condições normais. Somente no zero absoluto de temperatura, poderíamos imaginar um estado onde as moléculas estão paradas e toda a sua energia convertida em trabalho.

2.5 A conservação de energia

Este princípio é geralmente chamado o Primeiro Princípio da Termodinâmica: "*A soma algébrica de todas as trocas de energia num sistema isolado é zero*". Um sistema isolado é aquele que não pode ganhar ou perder energia com o exterior.

([1]) Para um melhor tratamento do conceito de temperatura ver E. F. Caldin (1958), *An introduction to chemical thermodynamics*, Clarendon Press, Oxford.

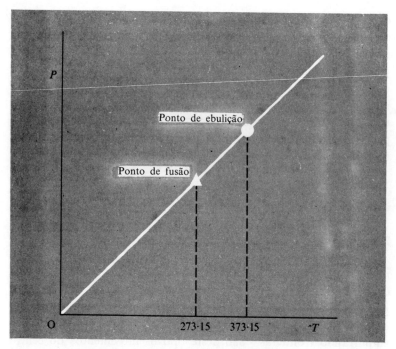

Fig. 2.2. Temperatura T definida em termos do Ponto de Fusão (273·15 K) e da pressão (P) dum gás perfeito.

O Primeiro Princípio diz-nos que a energia pode ser convertida de uma forma para outra, mas não pode ser criada ou destruída ([1]). Quando um sistema químico passa de um estado para outro, a transferência total de energia para o exterior tem de ser balançada por uma alteração correspondente na energia interna do sistema. Se o sistema passa do estado A para o estado B, podemos escrever

$$\Delta U = U_B - U_A = q + w,$$

([1]) A validade desta afirmação assenta na observação experimental. Jamais foi verificada qualquer excepção. Rigorosamente deveríamos incluir a massa como uma forma de energia mas tal não é usualmente necessário em química porquanto no decurso de experiências químicas não ocorrem alterações de massa significativas.

onde U é a energia contida no sistema, chamada *energia interna*, q é o calor absorvido *pelo* sistema e w o trabalho feito *no* sistema. ΔU depende somente do estado inicial e final do sistema e não do caminho seguido. Se os caminhos I e II entre os estados A e B na Fig. 2.3 resultassem num ΔU diferente, seríamos capazes de fazer um ciclo completo para o qual $\Delta U \neq 0$. Tal significaria que a energia estava a ser criada ou destruída, em conflito directo com o Primeiro Princípio. O calor absorvido e o trabalho feito *no* sistema podem diferir por caminhos diferentes, mas a energia interna, a sua soma, tem de ser a mesma.

Imaginemos um bloco a escorregar num declive. Pode fazer trabalho, por exemplo levantando um outro peso como na Fig. 2.4. Se convertermos toda a energia potencial em trabalho tendo ambos os pesos praticamente iguais, o bloco descerá infinitamente devagar e não gerará calor.

$$\Delta U = -Mgh = -w, \qquad q = 0.$$

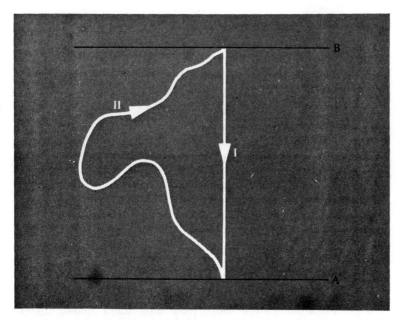

Fig. 2.3. Dois possíveis caminhos (I e II) entre os estados A e B.

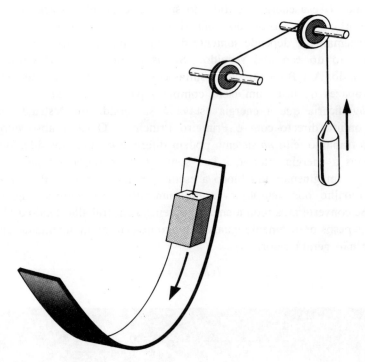

Fig. 2.4. Um sistema no qual se produz trabalho. O bloco escorrega vagarosamente fazendo trabalho ao levantar o peso.

Por outro lado, o bloco pode não produzir trabalho, como na Fig. 2.5, e neste caso a energia potencial é libertada na forma de calor (do atrito).

$$\Delta U = -Mgh = -q, \quad w = 0.$$

Em ambos os casos ΔU será o mesmo, embora q e w sejam diferentes.

2.6 Funções de estado: um percurso

O estado de um gás perfeito pode ser definido especificando P, V e T. Como $PV = nRT$, para uma dada massa de gás somente necessitamos de especificar duas variáveis entre P, V e T

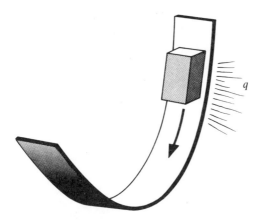

Fig. 2.5. Um sistema no qual não há produção de trabalho. O bloco desliza rapidamente, dissipando calor friccional.

pois a equação determinará a terceira variável. De facto é este o caso para qualquer substância pura (ou mistura de composição fixa) ([1]) embora possa não seguir a equação de gás perfeito. Podemos escrever $T = f(P, V)$. Esta equação que liga P, V e T é chamada a *equação de estado*.

Vimos que U difere de q e w na medida em que depende somente do estado do sistema. Assim, se pudermos definir o estado da substância fixando, por exemplo, P e T, então U terá um dado valor. U, como P, T, e V tem o nome de *função de estado*.

As funções de estado podem depender da massa do material que temos: assim V e U seriam o dobro se duplicássemos a quantidade de matéria no sistema (mantendo-se os outros factores iguais). Estas propriedades são chamadas *extensivas*. Por outro lado T e P são independentes da quantidade de matéria com que estamos a lidar. Estas propriedades são chamadas *intensivas*. Se dividirmos um sistema em partes menores, então as propriedades intensivas de cada porção teriam o mesmo valor que no sistema total.

([1]) Na ausência de campos eléctricos e magnéticos, etc.

Para ilustrar as propriedades das funções de estado consideremos duas cidades A e B ilustradas na Fig. 2.6. A latitude e longitude são análogas a funções de estado. De qualquer forma que formos de A para B, Δ (latitude) e Δ (longitude) será sempre a mesma. Os valores dependem só de A e B (isto é, do estado inicial e final). Por outro lado a distância percorrida numa

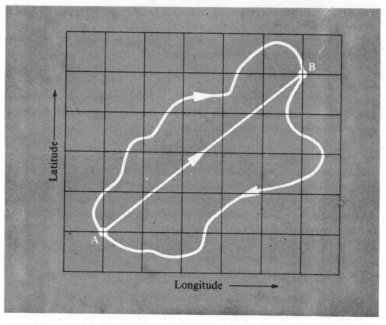

Fig. 2.6. Latitude e longitude como "funções de estado".

viagem de A para B depende do caminho tomado e claramente não é função de estado. As funções de estado tais como U, V e T fornecem os meios apropriados para definir o estado de um sistema termodinâmico da mesma maneira que a latitude e a longitude definem uma posição geográfica. Em qualquer viagem que se inicia e termina no mesmo ponto, as alterações de latitude e longitude devem totalizar zero. Assim também as transformações em qualquer função de estado devem sempre totalizar zero ao longo de um ciclo completo.

As funções de estado têm um número importante de propriedades matemáticas.

(i) Se integrarmos uma função de estado

$$\Delta U = \int_A^B dU,$$

este integral tem de ter um valor bem definido que é independente do percurso da integração entre os limites A e B. Assim diz-se que dU é uma diferencial exacta.

(ii) Podemos escrever uma diferencial exacta

$$dU = \left(\frac{\partial U}{\partial x}\right)_y dx + \left(\frac{\partial U}{\partial y}\right)_x dy$$

onde x e y são variáveis que determinam o valor de U, por exemplo quaisquer duas de entre pressão, temperatura e volume. $\left(\frac{\partial U}{\partial x}\right)_y$ é a velocidade de variação de U com alterações de x enquanto y é mantido constante. Chama-se-lhe um coeficiente parcial diferencial. Se $U = f(T, V)$, então

$$dU = \left(\frac{\partial U}{\partial T}\right)_V dT + \left(\frac{\partial U}{\partial V}\right)_T dV.$$

(iii) A ordem de diferenciação de uma função de estado é irrelevante; assim

$$\left[\frac{\partial}{\partial V}\left(\frac{\partial U}{\partial T}\right)_V\right]_T = \left[\frac{\partial}{\partial T}\left(\frac{\partial U}{\partial V}\right)_T\right]_V.$$

Se se puder mostrar que uma função ou a sua diferencial satisfazem a qualquer destas condições então a função é uma função de estado.

A termodinâmica está largamente empenhada nas relações entre as funções de estado que caracterizam os sistemas químicos. Por exemplo q e w dependem do caminho entre os estados e não são funções de estado. dq e dw não são diferenciais exactas e é costume escrevê-las đq e đw para nos lembrar que elas não podem em geral, ser integradas de molde a dar um valor único (como ilustrado nas Figs. 2.4 e 2.5).

2.7 Entalpia

Os sistemas químicos não são geralmente forçados a fazer trabalho. O único trabalho que fazem é trabalho PV oriundo de expansão ou contracção. (Uma excepção importante onde as reacções químicas produzem trabalho adicional, além de trabalho PV, é a pilha electroquímica). Se tivermos um sistema químico a *volume constante*, não pode fazer nenhum trabalho pois đ$w = -P\,dV = 0$. Como $dU = đq + đw$,

$$dU = (đq)_V \quad \text{e} \quad \Delta U = (q)_V$$

O aumento de energia interna do sistema é por consequência igual ao calor absorvido a volume constante (para um sistema que não faça trabalho).

A maioria das experiências químicas são executadas a pressão constante em vez de serem a volume constante. Sob tais condições o trabalho feito pelo sistema como resultado da expansão não é zero.

$$đw = -P\,dV \quad \text{e} \quad w = -P\,\Delta V.$$

e
$$\Delta U = q + w = U_B - U_A = (q)_P - P(V_B - V_A)$$

$$(q)_P = (U_B + PV_B) - (U_A + PV_A).$$

$(U + PV)$, como U, é uma função de estado pois U, P e V são todas funções de estado. Chamamos a esta função *entalpia* e é definida por

$$H = U + PV$$

$$\Delta H = (q)_P \quad \text{e} \quad dH = (đq)_P$$

O aumento de entalpia de um sistema é igual ao calor absorvido a pressão constante (supondo que o sistema só faz trabalho PV).

Mesmo para transformações que não ocorrem a pressão constante ΔH tem um valor bem definido. Contudo, nestas condições, não é igual ao calor absorvido. De modo semelhante ΔU tem um valor bem definido para qualquer transformação, quer seja ou não a volume constante, mas é só para uma transformação a volume constante que $\Delta U = q_V$.

A importância desta nova função de estado, entalpia, tornar-se-á evidente quando estudarmos termoquímica, o ramo da termodinâmica respeitante às trocas de calor associadas com reacções químicas. Para já notemos que quando vemos

$$CS_2 + 3O_2 \rightarrow CO_2 + 2SO_2 \, ; \quad \Delta H = -1108 \text{ kJ},$$

tal significa que para uma mole de reacção a entalpia do sistema decresce de 1108 kJ e esta quantidade de calor será libertada (a T e P constantes) pela reacção. Uma mole de reacção é quando o respectivo número de moles de substância (tal como especificado pelos coeficientes estequiométricos) no lado esquerdo da equação é convertido em substâncias do lado direito da equação. Quando uma transformação numa propriedade termodinâmica é dada para uma particular reacção ou processo químico, refere-se sempre a uma mole de reacção a menos que a excepção a esta regra seja especificamente indicada.

ΔH e ΔU são geralmente muito semelhantes em processos envolvendo sólidos e líquidos, mas para gases podem ser significativamente diferentes. Se uma reacção gasosa envolve uma alteração de Δn moles de gases no sistema, então como $\Delta H = \Delta U + \Delta(PV)$, e para um gás perfeito $\Delta(PV) = (\Delta n)RT$,

$$\Delta H = \Delta U + \Delta n RT \, .$$

A 298 K, $RT = 2 \cdot 5$ kJ mol^{-1}, o que não é uma quantidade desprezível.

2.8 Capacidade calorífica

Vimos (secção 2.2) que o calor específico de um corpo pode ser definido por

$$C = \frac{dq}{dT}.$$

Se o calor específico for determinado a volume constante (medindo o calor necessário para elevar a temperatura de uma unidade a volume constante V) então como

$$dU = (đq)_V \text{ (secção 2.7)}$$

$$\boxed{C_V = \left(\frac{\partial U}{\partial T}\right)_V}.$$

Se o calor específico for medido a pressão constante, uma vez que $dH = (đq)_P$,

$$\boxed{C_p = \left(\frac{\partial H}{\partial T}\right)_P}.$$

Para sólidos C_p e C_V são geralmente de magnitude muito semelhante mas para gases diferem significativamente:

$$H = U + PV,$$

e portanto

$$\left(\frac{\partial H}{\partial T}\right)_P = \left(\frac{\partial U}{\partial T}\right)_P + \frac{\partial(PV)}{\partial T} = \left(\frac{\partial U}{\partial T}\right)_V + \frac{\partial(nRT)}{\partial T}.$$

Uma vez que para um gás perfeito $PV = nRT$ (ver secção 1.5), U é independente de P e V([1]), e

$$\left(\frac{\partial U}{\partial T}\right)_P = \left(\frac{\partial U}{\partial T}\right)_V,$$

segue-se que

$$\boxed{C_p = C_V + nR}.$$

Para argon à temperatura ambiente $C_p = 20·8$ J K^{-1} mol^{-1}, $C_V = 12·5$ J K^{-1} mol^{-1}, confirmando $C_p - C_V = 8·3$ J K^{-1} mol^{-1}, isto é, R.

([1]) Um vez que U é uma função de estado, $dU = \left(\frac{\partial U}{\partial T}\right)_P dT + \left(\frac{\partial U}{\partial P}\right)_T dP$ e para um gás perfeito $\left(\frac{\partial U}{\partial P}\right)_T = 0$, teremos $dU = \left(\frac{\partial U}{\partial T}\right)_P dT$. Além disso como $\left(\frac{\partial U}{\partial V}\right)_T = 0$, $dU = \left(\frac{\partial U}{\partial T}\right)_V dT$, confirmando que $\left(\frac{\partial U}{\partial T}\right)_P = \left(\frac{\partial U}{\partial T}\right)_V$.

PROBLEMAS

2.1 Joule sugeria que a água do fundo das cataratas do Niagara, que estão a 50 m de altura, devia estar mais quente que no topo. Faça uma estimativa de elevação de temperatura; a estimativa de Joule foi cerca de 0·10 K. A capacidade calorífica de uma mole de água, 0·018 kg, é de 80 JK^{-1}. A aceleração da gravidade é 9·8 ms^{-2}.

2.2 Uma panela eléctrica operando a 250 volts e 8 amps leva 1 kg de água. Se a água estiver inicialmente a 300 K, calcule o tempo que a água leva a começar a ferver. O ponto de ebulição da água é 373 K e a sua capacidade calorífica 4200 JK^{-1} kg^{-1}. Pode pressupor que a capacidade calorífica não varia com a temperatura e que não há perdas de calor.

2.3 Calcule o trabalho feito contra a pressão atmosférica (normal) quando uma substância se expande de 1 cm^3 (1 atm = 1·0 × 10^5 Nm^{-2}).

2.4 Calcule a diferença entre ΔH e ΔU quando se ferve uma mole de água a 273 K e 1 atm. O volume de uma mole de gás perfeito a 273 K é 0·03 m^3 e o volume da água líquida pode ser desprezado. (1 atm = 10^5 Nm^{-2}).

2.5 Aquece-se um bloco de 1 kg de metal a 400 K e lança-se em 0·3 kg de água. A temperatura da água sobe de 294 para 300 K. Calcule a capacidade calorífica do metal, tomando 4200 JK^{-1} kg^{-1} para a capacidade calorífica da água.

3. Entropia e equilíbrio

3.1 Reversibilidade e equilíbrio: uma recapitulação

Quando uma reacção química se processa, estabelecemos (como resultado da experiência) que haveria conservação de energia. Mas não encontrámos uma maneira de provar em que direcção a reacção se processaria. Descobrimos que para sistemas moleculares (que podem tender para equilíbrio por processos endotérmicos) a energia, ao contrário da energia potencial nos sistemas mecânicos, não fornece um critério suficiente para o equilíbrio. Tem de ser introduzido um novo factor que permita compreender porque é que o calor flui sempre dos corpos quentes para os frios e porque é que o gás perfeito se expande para encher todo o seu vaso, embora nenhuma perda de energia (pelo sistema) acompanhe estes processos.

Observámos nas nossas considerações sobre os sistemas mecânicos que se ocorre uma transformação tal que o sistema permaneça sempre em equilíbrio, então a transformação processar-se-á infinitamente devagar e será capaz de fazer a máxima quantidade de trabalho. Chamámos reversível a tal transformação. As condições que têm de ser satisfeitas para uma transformação reversível são as mesmas que têm de ser satisfeitas para o sistema estar num estado de equilíbrio.

Para uma transformação reversível o trabalho feito pelo sistema é máximo. Assim, para uma transformação reversível đw é mais negativo que para a transformação irreversível equivalente ([1]). dU tem de ser o mesmo para qualquer transformação e uma vez que đw_{rev} < đw_{irr}, teremos đq_{rev} > đq_{irr}. Durante uma transformação reversível o sistema absorve uma quantidade máxima de calor do exterior e faz a quantidade máxima de trabalho *sobre* o exterior. Os processos espontâneos, os observáveis, absorvem menos calor e fazem menos trabalho que os processos reversíveis correspondentes (Fig. 3.1 e 3.2).

([1]) Lembre-se que o trabalho feito *pelo* sistema é negativo.

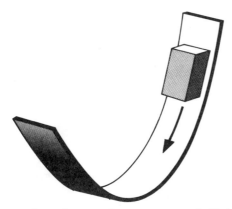

Fig. 3.1. Uma transformação espontânea: ocorre a velocidade finita e requer uma quantidade finita de trabalho feito sobre o sistema para o repor no seu estado inicial.

3.2 Condição de equilíbrio

Estamos agora em condições de enunciar a condição geral de equilíbrio que se aplicará quer a sistemas mecânicos quer a sistemas moleculares: *Transformações espontâneas são aquelas que, se executadas em condições apropriadas, podem ser levadas a produzir trabalho; quando executadas reversivelmente produzem uma quantidade máxima de trabalho. Em processos naturais nunca se obtém o trabalho máximo.* Este é um dos muitos enunciados equivalentes do Segundo Princípio da Termodinâmica([1]). Tal como o Primeiro Princípio, é baseado na experiência, isto é, em observações experimentais. Contudo, na prática é muitas vezes difícil dizer precisamente como é que pode ser obtido o trabalho que acompanha muitos processos espontâneos. A mistura de dois gases perfeitos é um caso particularmente difícil.

Num sistema mecânico simples, a capacidade de fazer trabalho é simplesmente a energia potencial, e o equilíbrio é definido pela posição de energia potencial mínima. Contudo, a energia total interna de um sistema molecular não pode ser inteiramente trans-

---

([1]) Um outro, e talvez mais familiar enunciado do Segundo Princípio é: *o calor não passa espontaneamente de um corpo frio para um corpo quente.*

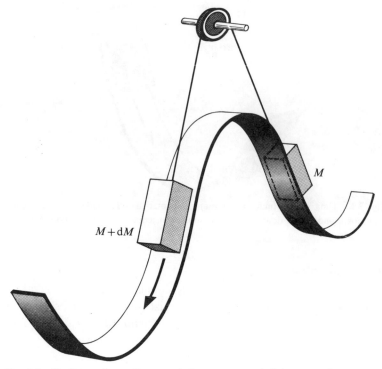

Fig. 3.2 Uma transformação reversível: processa-se infinitamente devagar e o sistema pode repor-se no estado inicial por uma quantidade de trabalho infinitesimal.

formada em trabalho, e a posição de energia interna mínima não define a posição de equilíbrio em sistemas moleculares. Necessitamos de uma medida da capacidade de tal sistema fazer trabalho e enunciar uma função que meça a perda da capacidade de fazer trabalho.

3.3 Entropia

Em ambos os exemplos que nós considerámos atrás (a expansão de um gás perfeito para o vazio, e o fluxo de calor) o sistema perde a capacidade de fazer trabalho. Esta capacidade perdida está claramente relacionada com đq, porque dU = đq + đw (ver

ENTROPIA E EQUILÍBRIO

a secção 2.5). Está também relacionada com a temperatura, porquanto se considerarmos o fluxo de calor, q, de um reservatório quente para um frio e para um morno, como ilustrado na Fig. 3.3, a perda de capacidade para fazer trabalho é claramente maior no primeiro caso. No último caso podia-se obter trabalho do fluxo de calor de $T_w \rightarrow T_c$ porquanto este processo seria espontâneo.

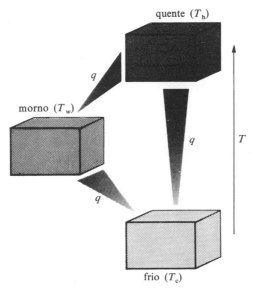

Fig. 3.3 Fluxo de calor de um corpo quente para um corpo frio. O fluxo pode ter lugar directamente ou via um corpo morno.

Vimos que đq_{rev} não é uma medida conveniente do trabalho "não disponível" porquanto depende do processo seguido pela transformação; assim q_{rev} não é uma função de estado. Uma transformação reversível podia, por exemplo, ser executada adiabaticamente ou isotermicamente (ver capítulo 8). Mostrámos já que a nossa medida tem de envolver a temperatura, porquanto uma dada quantidade de calor fluindo através de uma diferença de temperatura grande, envolve uma perda maior na capacidade de o sistema fazer trabalho que o mesmo calor fluindo através de uma diferença de temperatura menor.

Mostrar-se-á mais tarde que embora $q_{rev} = \int đq_{rev}$ não seja independente do caminho, o integral do calor, $đq_{rev}$, dividido pela temperatura à qual é transferido — $\int (đq_{rev}/T)$ — é independente do caminho e depende somente do estado inicial e final do sistema. Definimos *entropia* S tal que

$$\Delta S = S_B - S_A = \int_A^B \frac{đq_{rev}}{T}.$$

A entropia é uma função de estado e é por consequência uma medida conveniente da perda de capacidade do sistema para produzir trabalho. A temperatura constante,

$$đw_{rev} = dU - TdS;$$

trabalho = mudança de energia interna — "energia não-disponível".

Ao passar do estado A para o estado B, ΔS será sempre o mesmo. Contudo só será igual a $\int (đq_{rev}/T)$ ao longo de um percurso reversível. Vimos que a única condição sob a qual podemos considerar ser reversível uma transformação, é quando o sistema está em equilíbrio. Por consequência $dS = \frac{đq}{T}$ é uma condição de equilíbrio. Em transformações espontâneas $đq < đq_{rev}$ (secção 3.1) e

$$dS > \frac{đq}{T}$$

uma condição que se aplica para processos observáveis. A equação

$$dS = \frac{đq}{T}$$

é a definição existente mais geral do equilíbrio. Se considerarmos um sistema "isolado" — aquele que não pode trocar energia com o seu exterior, não podendo assim fazer trabalho nem absorver calor — podemos obter, como condições de equilíbrio,

$$dS = 0, \qquad S = \text{constante}.$$

Para uma transformação observável $dS > 0$.

ENTROPIA E EQUILÍBRIO

Assim, para um sistema isolado, qualquer transformação espontânea tenderá a produzir estados de entropia mais elevada até que a entropia atinja um valor máximo. Nesta altura o sistema está em equilíbrio e a entropia permanecerá constante no seu valor máximo.

3.4 A entropia como uma função de estado

Dissemos que a entropia é uma função de estado, mas temos que justificar esta afirmação antes de continuarmos. Tradicionalmente tal era feito a partir de uma consideração acerca da eficiência de máquinas térmicas — uma preocupação que foi capital para os pioneiros da termodinâmica. Como químicos, seguiremos uma via mais curta considerando somente um gás perfeito.

Do Primeiro Princípio, $dU = đq_{rev} - P\,dV$ se o sistema só fizer trabalho PV. Então para uma mole de gás perfeito podemos escrever $dU = C_V\,dT$, porquanto a energia interna dum gás perfeito é independente do seu volume. Além disso, como $P = RT/V$,

$$dS = \frac{đq_{rev}}{T} = C_V \frac{dT}{T} + R \frac{dV}{V}$$

O lado direito desta equação pode ser integrado para dar

$$\boxed{S_B - S_A = C_V \ln \frac{T_B}{T_A} + R \ln \frac{V_B}{V_A}}$$

Isto implica que $đq_{rev}/T$ seja uma diferencial exacta e que S seja uma função de estado para um gás perfeito. Argumentos mais gerais deste tipo permitem-nos mostrar que S é uma função de estado para todas as substâncias ([1]).

3.5 Entropia de expansão de um gás

Como exemplo de uma variação de entropia consideremos a expansão isotérmica de um gás perfeito. Da secção 2.5 sabemos que $\Delta U = q + w$. Uma vez que U é independente do volume para um gás perfeito, $\Delta U = 0$ e $q = -w$: o calor ganho a partir

---

([1]) Este processo foi desenvolvido pelo matemático Carathéodory (1909).

do exterior é igual ao trabalho feito pelo sistema. Se, à medida que o gás se expande e a sua pressão decai, se ajusta continuamente a pressão externa tal que $P = P_{ex} + dP$, então a expansão pode ser executada *reversivelmente* fornecendo o trabalho máximo, e

$$-w_{rev} = \int_A^B P\,dV.$$

Para n moles de um gás perfeito

$$P = nRT/V,$$

$$-w_{rev} = nRT \int_A^B \frac{dV}{V} = nRT \ln \frac{V_B}{V_A},$$

e

$$\boxed{\Delta S = \frac{q_{rev}}{T} = nR \ln \frac{V_B}{V_A}}$$

Esta relação será correcta quer para transformações reversíveis quer irreversíveis pois a entropia é uma função de estado e ΔS é independente do caminho seguido entre A e B. Numa expansão reversível o calor perdido pelo exterior é igual ao calor ganho pelo gás. $\Delta S_{total} = 0$ (pois $\Delta S_{total} = q_{rev}/T - q_{rev}/T$).

Contudo, se considerarmos a expansão *irreversível* de um gás perfeito para o vazio (não fazendo trabalho nenhum) então ΔS_{total} já não será zero. Só para o gás $\Delta S = nR \ln V_B/V_A$; contudo as alterações no exterior serão diferentes. O gás não executa nenhum trabalho e como $q = -w = 0$, o sistema não absorve nenhum calor.

$$\Delta S_{total} = nR \ln \frac{V_B}{V_A} + \frac{0}{T} = nR \ln \frac{V_B}{V_A}.$$

Como $V_B > V_A$ a entropia total do sistema e exterior terá aumentado.

Assim, como a variação da entropia do gás é a mesma em ambos os casos, temos de investigar o exterior antes de podermos decidir se uma transformação se processa de maneira reversível ou irreversível. Isto restringe a utilidade da entropia para definir condições de equilíbrio.

3.6 Variações de entropia que acompanham fluxos de calor

Quando o calor flui dum corpo grande mantido à temperatura T_h para outro à temperatura T_c a variação global de entropia é dada por

$$dS = -\frac{đq}{T_h} + \frac{đq}{T_c},$$

ou

$$dS = đq\left(\frac{T_h - T_c}{T_h T_c}\right).$$

Assim, se se tratar de um processo observável (o que requer que $T_h > T_c$), então $dS > 0$ e a entropia do sistema aumentará. Somente serão obtidas condições reversíveis de equilíbrio quando $T_h = T_c$.

3.7 A entropia e o equilíbrio

Vimos que, se tivermos um sistema *isolado* que não possa trocar energia com o exterior, a entropia permanecerá constante no equilíbrio ou aumentará se ocorrer uma transformação espontânea. Continuarão a ocorrer transformações observáveis até que a entropia atinja um valor máximo e nessa altura o sistema atingirá o equilíbrio. Assim, o gás do nosso exemplo expandir-se-á até que esteja uniformemente distribuído e não ocorrerá mais nenhuma transformação. Tal pode ser expresso da seguinte maneira: num sistema a energia e volume constantes (e que não pode fazer qualquer trabalho), a entropia é máxima no ponto de equilíbrio: $(dS)_{U,V} = 0$ (veja secção 3.3).

Esta situação pode ser comparada com o critério para o equilíbrio num sistema mecânico normal; a entropia e volume constantes (para um sistema que não pode fazer nenhum trabalho) a energia é um mínimo (veja secção 1.2): $(dU)_{S,V} = 0$.

Embora nenhum destes conjuntos de condições se verifiquem no decurso de experiências químicas normais, eles permitem-nos identificar os dois factores que conduzem os sistemas químicos para o equilíbrio. Em primeiro lugar há tendência para que a sua energia se torne mínima e em segundo lugar há tendência para que a sua entropia se torne máxima. Em geral, tem de ser atingido um compromisso entre estas duas tendências. Mais tarde será considerada a natureza deste compromisso.

3.8 O lado cosmológico

Vimos que um sistema *isolado* tende a maximizar a entropia. A maioria dos sistemas não são isolados e, pelo contrário, são livres de trocar energia com o exterior. Contudo, se considerarmos o sistema e exterior conjuntamente, então teremos de facto um "sistema isolado" e $dS > 0$ para qualquer transformação espontânea. Podemos estender a nossa definição de sistema e exterior de maneira a abarcar todo o universo. Tal conduz à usual afirmação: "A energia do universo é constante, mas a entropia aumenta continuamente". Tem dado muita satisfação aos pessimistas a implicação desta afirmação: quando a entropia do universo atingir finalmente o seu valor máximo não haverá mais transformações naturais. Quando este estado for atingido toda a energia e matéria do universo estarão *uniformemente* distribuídas e completamente incapazes de produzir trabalho.

3.9 A entropia como função da pressão e da temperatura

Pressão. Já estabelecemos (secção 3.5) que, para n moles de um gás perfeito a temperatura constante,

$$\Delta S = S_B - S_A = nR \ln \frac{V_B}{V_A}.$$

Uma vez que $P \propto 1/V$ para uma dada quantidade de um gás perfeito, sob condições isotérmicas,

$$\Delta S = S_B - S_A = -nR \ln \frac{P_B}{P_A}.$$

Se definirmos S^0 como a entropia de uma mole de gás perfeito a 1 atm de pressão (e a temperatura especificada)

$$\boxed{S = S^0 - RT \ln P/1 = S^0 - RT \ln P}$$

onde P é o valor *numérico* da pressão em atmosferas (logo não tem dimensões). À medida que se eleva a pressão, a entropia do gás decresce.

Temperatura. Como demonstrado (secção 3.3),

$$dS = \frac{dq_{rev}}{T}, \text{ e como } C_V = \left(\frac{dq_{rev}}{dT}\right)_V, \quad (1)$$

e (secção 2.8)

$$C_p = \left(\frac{dq_{rev}}{dT}\right)_p$$

teremos $dS = (C_V/T)dT$ a volume constante e $dS = (C_p/T)dT$ a pressão constante.

Integrando a expressão a pressão constante desde a temperatura T_A até à temperatura T_B obteremos, pressupondo que C_p é constante,

$$\Delta S = C_p \ln \frac{T_B}{T_A}.$$

Se S_0 for a entropia da substância no zero absoluto de temperatura, podemos escrever para a entropia à temperatura T, $S(T)$,

$$\boxed{S(T) = S_0 + \int_0^T \frac{C_p}{T} dT}.$$

A integração pode ser feita se C_p for conhecido como função da temperatura. A magnitude de S_0 será assunto de discussão mais tarde.

3.10 Base molecular da entropia

Deve fazer-se notar que a entropia está relacionada com a *uniformidade* dos sistemas. À medida que são eliminados os gradientes de temperatura ou concentração, a entropia aumenta. Esta ideia pode ser exposta numa base quantitativa e para tal vamos considerar o caso específico da expansão de um gás. Esta discussão envolve considerações acerca da natureza molecular da

---

[1] $C_V = \left(\frac{dq}{dT}\right)_V$ para todas as transferências de calor, quer sejam reversíveis quer irreversíveis.

matéria, a qual não é essencial ao desenvolvimento da termodinâmica clássica mas permite uma valiosa visão dos problemas. Consideremos M moléculas de gás inicialmente contido numa das metades dum vaso, tal como ilustrado na Fig. 3.4, mas que posteriormente se expande ocupando todo o volume. A probabilidade de o estado A ocorrer por mero acidente é $(\frac{1}{2})^M$, que

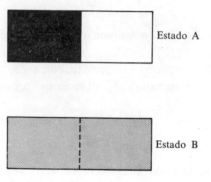

Fig. 3.4 Expansão de um gás. No estado A o gás ocupa somente metade do vaso. No estado B está uniformente distribuído por todo o vaso.

seria o valor encontrado para que M objectos estivessem numa de duas caixas entre as quais tivessem sido aleatoriamente distribuídos. Podemos escrever a probabilidade do estado A relativamente ao estado B como

$$\frac{\rho_A}{\rho_B} = (\tfrac{1}{2})^M.$$

Se, em vez de fazermos $V_A/V_B = \frac{1}{2}$, tivéssemos seleccionado valores arbitrários, poderíamos mostrar que

$$\frac{\rho_A}{\rho_B} = \left(\frac{V_A}{V_B}\right)^M \quad \text{i.e.} \quad \ln\frac{\rho_B}{\rho_A} = M\ln\frac{V_B}{V_A}.$$

Ao irmos do estado A para o estado B fomos de um estado de baixa probabilidade para um de alta probabilidade. Como visto na secção 3.5

$$S_B - S_A = R\ln(V_B/V_A)$$

para uma mole de gás. Podemos ver que se $M = L$, o Número de Avogadro,

$$S_B - S_A = \frac{R}{L}\{\ln \rho_B - \ln \rho_A\} = \frac{R}{L} \ln \frac{\rho_B}{\rho_A}.$$

Assim a entropia do sistema em qualquer estado particular é proporcional ao $\ln \rho$, onde ρ é a "probabilidade" do sistema. Podemos escrever

$$S = k \ln W$$

onde k é a constante de Boltzmann (R/L) e W é o número de microestados ou complexões do sistema. Este é um conceito difícil: é o número de maneiras de que o estado pode ser feito especificando as posições e velocidades dos átomos que o constituem. Feynman exprimiu assim: W é "o número de maneiras de fazer o interior dum sistema mantendo o exterior constante". Para sistemas com cerca de 10^{23} moléculas, W pode ser extremamente grande, da ordem de $10^{10^{23}}$.

Um ramo importante da química-física, chamado mecânica estatística, diz respeito ao cálculo de W, e por consequência ao cálculo de propriedades termodinâmicas sem recurso à experiência. Contudo tais métodos estão para além do objectivo deste livro.

Para um sistema mecânico simples a diferença de entropia de um estado para outro é normalmente desprezível. Consideremos um objecto que pode ser projectado à distância e assim ser aleatoriamente distribuído por duas caixas, tendo uma o dobro do tamanho da outra. A probabilidade de um objecto cair na caixa maior (B) será duas vezes a de cair na caixa menor (A).

$$\Delta S = S_B - S_A = k \ln 2$$
$$\approx 1{\cdot}38 \times 10^{-23} \times 2{\cdot}3 \times 0{\cdot}301 \text{ J K}^{-1};$$

isto é,

$$\Delta S \approx 1 \times 10^{-23} \text{ J K}^{-1}.$$

Esta diferença de entropia é muito pequena e pode ser desprezada sem introduzir qualquer falta de rigor significativa ao executar cálculos em tal sistema. É por isto que só há necessidade de se considerar a energia quando se determina a posição de equilíbrio em sistemas mecânicos.

Contudo, se para uma mole de um gás considerarmos dois estados, o primeiro tendo o gás num volume duas vezes superior ao do segundo, obtemos (como calculado anteriormente neste capítulo)

$$\Delta S = S_B - S_A = R \ln 2 = 8·3 \times 2·3 \times 0·301 = 5·8 \, J \, K^{-1},$$

uma contribuição substancial e longe de poder ser desprezada.

3.11 Base estatística do 2.º Princípio

Quando consideramos a entropia sob o ponto de vista molecular, apercebemo-nos que não é *impossível* termos simultaneamente todas as moléculas numa das metades do vaso — é somente *muito improvável*. É muito improvável que todas as moléculas do ar duma sala onde nos encontramos se congreguem num dado canto da sala, deixando-nos sem ar para respirar, mas rigorosamente falando, não é impossível. Só para ver quão improvável é, consideremos uma mole de gás contido em dois volumes, sendo um metade do outro. Para o processo B → A (veja Fig. 3.4)

$$\Delta S = -5·8 \, J \, K^{-1} = \frac{R}{L} \ln \frac{\rho_A}{\rho_B}.$$

$$\frac{\rho_A}{\rho_B} = \exp\left(-\frac{5·8 \times 6 \times 10^{23}}{8·3}\right) \approx \exp(-10^{23}).$$

Por outras palavras, é muito, mesmo muito improvável que uma mole de gás vá para uma das metades do vaso onde se encontra. (É mesmo ainda mais improvável que tal ocorrência anómala ocorra na sala onde nos encontramos porquanto esta contém muitas moles de gás).

Como Boltzmann [1] disse, ao discutir a probabilidade de tais acontecimentos anómalos ocorrerem um dia, "nessa altura já há vários anos todos os habitantes dum país grande cometeram

---

[1] L. Boltzmann (1964). *Lectures on gas theory* (tradução S. G. Brush), University of California Press, Berkeley, California. Reproduzido com autorização da Universidade da California.

ENTROPIA E EQUILÍBRIO

suicídio no mesmo dia, incendiando todos os edifícios... As companhias de seguros não precisariam de se preocupar". Do mesmo modo, nós, na nossa qualidade de cientistas (ou ainda mais, de seres que necessitamos de respirar) podemos ignorar tais possibilidades remotas. Contudo, as consequências de pequenas flutuações na distribuição das moléculas e suas energias, podem muitas vezes ser importantes. Os movimentos Brownianos de bactérias suspensas num líquido são consequência das pressões flutuantes sobre as partículas devido a bombardeamento molecular.

3.12 Magnitude das variações de entropia

A entropia dum sistema químico é, em grande medida, determinada pela "liberdade" que as moléculas possuem no sistema. Nos sólidos, onde as moléculas ou átomos estão firmemente unidas, a entropia é baixa. Nos gases, onde as moléculas são livres de se moverem num volume grande, a entropia é alta. Os líquidos têm propriedades intermédias. Quando um líquido se evapora as moléculas vão de um estado de pouca liberdade para um estado de alta liberdade. A variação de entropia associada com a vaporização é por consequência positiva.

$$\Delta S_{vap} = \frac{q_{rev}}{T} = \frac{\Delta H_{vap}}{T}.$$

Para o benzeno $\Delta H_{vap} = 30 \cdot 8$ kJ mol^{-1} e o ponto normal de ebulição é $353 \cdot 3$ K. E assim $\Delta S_{vap} = 87 \cdot 0$ JK^{-1} mol^{-1}. Na realidade verifica-se que para os líquidos mais caracteristicamente não polares a entropia de vaporização nos seus pontos de ebulição normais anda à volta de 90 JK^{-1} mol^{-1}; chama-se Regra de Trouton a esta generalização.

A variação de entropia associada a uma reacção química depende da natureza dos reagentes e produtos. A reacção

$$CaCO_3(s) \rightleftharpoons CaO(s) + CO_2(g)$$

tem uma variação de entropia grande e positiva de 160 J K^{-1} por mole de reacção porquanto os sólidos têm entropia baixa, enquanto o CO_2, como gás que é, tem elevada entropia. Mesmo numa reacção que envolva dois gases se pode verificar uma variação significativa de entropia. Por exemplo para $N_2O_4 \rightarrow 2NO_2$,

$\Delta S = 177$ J K^{-1} por mole de reacção com todos os gases a 1 atm de pressão. A entropia de dióxido de azoto é maior quando as suas moléculas estão independentes umas das outras (forma de monómero, NO$_2$) do que quando as suas moléculas se juntam para formar dímeros (N$_2$O$_4$). Esta variação positiva de entropia favorece a dissociação do dímero que está 20% dissociado à temperatura ambiente apesar da sua energia de ligação ser relativamente forte a qual, na ausência de considerações acerca da entropia, sugeriria que seria de esperar pouca dissociação a tal temperatura.

3.13 Máquinas térmicas

Tal como se mencionou anteriormente, os pioneiros da termodinâmica moderna chegaram ao conceito de entropia a partir da análise da eficiência das máquinas térmicas ([1]). Uma máquina térmica é um aparelho para a conversão do calor, normalmente gerado por combustão, em trabalho. A máquina a vapor e o motor de combustão interna são os exemplos mais correntes. A Fig. 3.5 representa esquematicamente uma máquina térmica. Cada ciclo retira calor (q_h) do reservatório a temperatura alta,

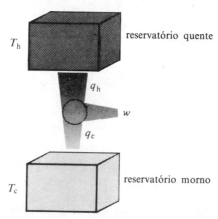

Fig. 3.5 Diagrama esquemático de uma máquina térmica.

([1]) A maioria dos livros de texto normais de química-física descreve este tipo de análise.

ENTROPIA E EQUILÍBRIO

usa parte dele para gerar trabalho, w, (por exemplo, expandindo um gás contra um piston), e rejeita o calor não utilizado (q_c) para um reservatório mais frio. Produz-se o trabalho máximo que podemos obter de tal operação quando todos os processos forem executados reversivelmente. Nesse caso, a entropia total do sistema tem de permanecer constante.

$$\Delta S_h + \Delta S_c = 0, \qquad -q_h/T_h + q_c/T_c = 0,$$

e $q_h/q_c = T_h/T_c$.

Mas, pelo Princípio da Conservação da Energia $w = q_h - q_c$ e

$$\frac{w}{q_h} = \frac{q_h - q_c}{q_h},$$

$$\frac{w}{q_h} = 1 - \frac{q_c}{q_h} = 1 - \frac{T_c}{T_h},$$

$$\frac{w}{q_h} = \frac{T_h - T_c}{T_h}.$$

Chama-se a este factor, a razão do trabalho obtido para o calor total retirado da fonte quente, a eficiência termodinâmica da máquina. Numa máquina a vapor, usando vapor a 400 K e rejeitando-o da máquina a 300 K, a eficiência termodinâmica seria

$$\frac{400 - 300}{400} = 25\%.$$

Somente um quarto do calor é convertido em trabalho — por isso é que uma máquina térmica é um processo de produzir trabalho onde o desperdício é muito grande (do ponto de vista termodinâmico se não do ponto de vista económico). Vemos que quando $T_h = T_c$ não obtemos nenhum trabalho — um ciclo isotérmico não pode usar calor para produzir trabalho. Se $T_c = 0$, então obtém-se 100% de eficiência, o que está de acordo com o facto de o calor estar associado ao movimento molecular. As moléculas no zero absoluto estariam paradas e a sua energia térmica original teria sido convertida em trabalho.

Vale a pena referir que se invertermos a operação da máquina térmica (isto é, usarmos o trabalho para transferir calor da fonte fria para a quente) obteremos eficiências termodinâmicas maiores que 100% o que à primeira vista pode parecer paradoxal. Como

$$\frac{q_h}{w} = \frac{T_h}{T_h - T_c}$$

se $T_h = 300$ e $T_c = 280$ a eficiência termodinâmica é 1500 por cento! Há muitos edifícios grandes que são aquecidos por "bombas de calor" deste tipo, com uma eficiência típica de 400%; isto é, é produzido 4 vezes mais calor do que o trabalho utilizado, enquanto o aquecimento eléctrico somente dá cerca de 100% de eficiência. As razões para os usos limitados de bombas de calor são económicas — a sua instalação é dispendiosa [1].

PROBLEMAS

3.1 Calcule a variação de entropia se 0·011 m³ de gás perfeito a 273 K e 1 atm de pressão for comprimido para 10 atm de pressão.

3.2 A capacidade calorífica de argon gasoso a pressão constante é 20·8 JK⁻¹ mol⁻¹. Faça uma estimativa da variação de entropia quando se aquece uma mole de argon de 300 K a 1200 K a 1 atm de pressão.

3.3 Faça uma estimativa da variação de entropia quando se vaporiza uma mole de água a 373 K. A variação de entalpia na vaporização é de 40·7 kJ mol⁻¹ a esta temperatura.

3.4 Calcule a eficiência termodinâmica de uma máquina térmica a operar entre as temperaturas de 600 K e 400 K.

---

[1] Para uma descrição popular das aplicações das bombas de calor ver J. F. Sandfoot, *Scientific American*, **184**, Maio 1951, p. 54.

4. O equilíbrio nos sistemas químicos

4.1 A energia livre

Vimos que a condição de entropia máxima é útil para a definição da posição de equilíbrio em sistemas a energia constante. Não é, contudo, um guia útil para o equilíbrio em sistemas químicos porquanto estes são mais frequentemente estudados a temperatura constante. Nestas condições voltamos à ideia do trabalho máximo, que pode ser usado para definir reversibilidade e portanto equilíbrio. Para condições reversíveis, como $dU = đq_{rev} + đw_{rev}$ (secção 2.5) e $dS = đq_{rev}/T$ (secção 3.3), temos

$$dU = TdS + đw_{rev}.$$

Se definirmos uma função de estado, a *energia livre de Helmholtz A*, tal que

$$\boxed{A = U - TS}$$

então, a temperatura constante,

$$dA = dU - TdS$$

e

$$đw_{rev} = dU - TdS = dA.$$

Esta é uma condição que tem de ser satisfeita por um processo reversível e portanto é também uma condição para que o sistema esteja em equilíbrio. Se, durante uma transformação reversível, o sistema executar trabalho, $đw_{rev}$ será negativo. dA será também negativo e A decrescerá. A é a função equivalente, neste sistema molecular a T e V constantes, à energia U num sistema mecânico: *é uma medida da quantidade máxima de trabalho que o sistema pode fazer sobre o exterior*.

Num processo espontâneo, o sistema pode fazer trabalho mas o trabalho será menor que para a transformação reversível equivalente: assim $đw$ será menos negativo que $đw_{rev}$.

$$đw > đw_{rev}$$

e

$$đw > dA.$$

Para o processo espontâneo quer đw quer dA serão negativos mas đw será menos negativo que dA. O trabalho feito pelo sistema (− đw) será menor que o decréscimo em dA; assim só parte da variação da energia livre do sistema será obtida como trabalho. Para um sistema a T e V constantes, o termo de trabalho PV será zero. O sistema não pode fazer outra forma de trabalho, e assim

$$đw_{rev} = 0$$

e consequentemente

$$dA = 0.$$

A condição de equilíbrio para um sistema que não pode fazer nenhum trabalho é, por consequência, que $dA = 0$. Podem ocorrer processos espontâneos em tal sistema quando não estiver em equilíbrio com o consequente decréscimo da energia livre. Quando A for mínimo e $dA = 0$ não poderão ocorrer mais transformações espontâneas e o sistema estará em equilíbrio. Uma vez mais, vemos o paralelo entre a energia livre A e a energia potencial num sistema mecânico. Se este último sistema não for forçado a executar trabalho a posição de equilíbrio podia ser definida em termos de energia mínima.

4.2 Energia livre de Gibbs

Como químicos, estamos frequentemente interessados em sistemas a pressão e temperatura constantes e não a volume constante. Sob condições de pressão constante, podemos escrever

$$đw_{rev} = -P\,dV + đw_{adicional},$$

onde $đw_{adicional}$ é todo o trabalho além do trabalho PV feito no sistema. O trabalho eléctrico numa solução que está a ser electrolisada seria um exemplo deste trabalho adicional. Em equilíbrio

$$đw_{rev} = dU - đq_{rev} \quad (\text{secção 2.5})$$

e

$$đq_{rev} = T\,dS \quad (\text{secção 3.3})$$

e assim

$$đw_{adicional} - P\,dV = dU - T\,dS.$$

O EQUILÍBRIO NOS SISTEMAS QUÍMICOS

Podemos definir uma outra função de estado, a *energia livre de Gibbs* tal que

$$G = U + PV - TS = H - TS$$

A pressão e temperatura constantes,

$$dG = dU + PdV - TdS$$

Como $đw_{adicional} = dU + PdV - TdS$ para uma transformação reversível teremos

$$đw_{adicional} = dG.$$

Isto é também a condição para o equilíbrio num sistema a pressão e temperatura constantes. Para uma transformação espontânea $đw_{adicional}$ será menos negativo que para uma transformação reversível correspondente e nem todo o decréscimo de G será obtido como trabalho adicional ([1]). Se um sistema a T e P constantes não fizer trabalho adicional então a condição para o equilíbrio é $dG = 0$ e G será mínimo quando o sistema estiver em equilíbrio. Num sistema molecular a T e P constantes, G é a medida de trabalho máximo (além de trabalho PV) que pode ser obtido do sistema. Quando o sistema não for capaz de fazer qualquer trabalho e está em equilíbrio, $dG = 0$ e G é um mínimo. Uma vez mais podemos apontar a analogia entre a energia livre em sistemas moleculares e a energia em sistemas mecânicos (Fig. 4.1).

G é uma função de estado e por consequência ΔG tem um valor bem determinado para qualquer transformação. Contudo somente é igual ao trabalho máximo disponível para uma transformação executada a T e P constantes.

Na equação

$$\Delta G = \Delta H - T\Delta S$$

([1]) Como PdV é o mesmo para uma transformação reversível ou irreversível a pressão constante, o trabalho adicional comporta-se da mesma maneira que o trabalho total. Assim o sistema fará o trabalho máximo adicional numa transformação reversível.

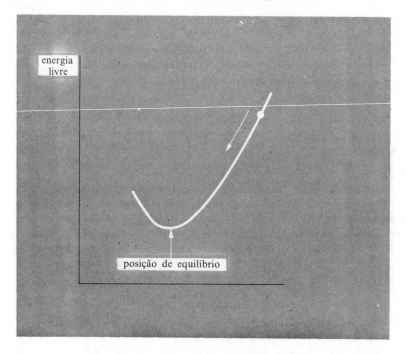

Fig. 4.1 Posição do equilíbrio em termos de energia livre de Gibbs para um sistema a pressão e temperatura constantes.

encontrámos o devido equilíbrio, a pressão e temperatura constantes, entre a tendência do sistema de maximizar a sua entropia e minimizar a sua energia (ou, mais rigorosamente a pressão constante, a sua entalpia). A temperaturas mais elevadas a contribuição da variação de entropia para a variação da energia livre, $-T\Delta S$, torna-se relativamente mais importante. Como vimos, para a reacção

$$N_2O_4 \rightleftharpoons 2NO_2$$

ΔH é positivo, uma vez que há uma energia que mantém junto o dímero, e ΔS é positivo porque os monómeros separados têm mais liberdade de se moverem do que quando conglomerados em dímeros. A baixas temperaturas ΔG é positivo e ocorrerá pouca dissociação. A altas temperaturas dominará o termo favorável à entropia ($-T\Delta S < 0$) e observar-se-á um aumento de dissociação.

Tendo-se encontrado como se pode definir a posição de equilíbrio a pressão e temperatura constantes vamo-nos restringir a estas condições. Investigaremos as propriedades da energia livre de Gibbs que dão o nosso critério de equilíbrio.

Como

$$G = U + PV - TS \quad \text{(secção 4.2)},$$

$$dG = dU + P\,dV + V\,dP - S\,dT - T\,dS.$$

Mas, para um sistema que faça somente trabalho PV,

como $dU = dq_{rev} + dw_{rev}$ (secção 2.5)

$$dU = T\,dS - P\,dV,$$

e

$$\boxed{dG = V\,dP - S\,dT}.$$

Aqui está uma equação termodinâmica muito importante para os químicos, pois diz-nos como a energia livre, e por consequência a posição do equilíbrio, varia com a pressão e temperatura.

4.3 Variação da energia livre com a pressão

A temperatura constante $dT = 0$ e

$$dG = V\,dP, \quad \text{ou} \quad \boxed{\left(\frac{\partial G}{\partial P}\right)_T = V}.$$

Para n moles de gás perfeito $PV = nRT$ (secção 1.5), e assim

$$dG = nRT\frac{dP}{P}.$$

Para uma alteração da pressão de P_A a P_B

$$\Delta G = G_B - G_A = nRT \int_{P_A}^{P_B} \frac{dP}{P},$$

$$\Delta G = nRT \ln \frac{P_B}{P_A} \quad (^1)$$

Usualmente relacionamos a energia livre dum gás com a *energia livre padrão* G^0. Esta define-se como a energia livre de uma mole de gás a uma atmosfera de pressão.
Então

$$G - G^0 = RT \ln \frac{P}{1} = RT \ln P$$

$$G = G^0 + RT \ln P$$

Devemos notar que P nesta equação é de facto uma razão de pressões e por consequência um número estrictamente sem dimensões. Não seria correcto calcular o logarítmo de uma quantidade que tivesse dimensões.

4.4 Variação da energia livre com a temperatura

Relembrando a equação básica $dG = V dP - S dT$, a pressão constante $dP = 0$, e por conseguinte

$$dG = -S dT, \quad \text{e} \quad \left(\frac{\partial G}{\partial T}\right)_P = -S.$$

Mas

$$G = H - TS;$$

por consequência

$$G = H + T \left(\frac{\partial G}{\partial T}\right)_P.$$

Se dividirmos tudo por T^2 obtemos

$$-\frac{G}{T^2} + \frac{1}{T}\left(\frac{\partial G}{\partial T}\right)_P = -\frac{H}{T^2}.$$

(¹) Podíamos ter obtido esta equação de $\Delta G = \Delta H - T\Delta S$ pois já estabelecemos (secção 3.9) que $\Delta S = -nR \ln P_B/P_A$ e que ΔH é independente da pressão para um gás perfeito (e assim, a temperatura constante, $\Delta H = 0$).

Uma vez que

$$-\frac{G}{T^2} + \frac{1}{T}\left(\frac{\partial G}{\partial T}\right)_P = \left[\frac{\partial\left(\frac{G}{T}\right)}{\partial T}\right]_P,$$

$$\left[\frac{\partial\left(\frac{G}{T}\right)}{\partial T}\right]_P = -\frac{H}{T^2},$$

e

$$\boxed{\left[\frac{\partial\left(\frac{\Delta G}{T}\right)}{\partial T}\right]_P = -\frac{\Delta H}{T^2}}$$

São estas as *equações de Gibbs-Helmholtz*. São muito importantes porque relacionam a dependência da energia livre com a temperatura, e por conseguinte a posição do equilíbrio, com a variação da entalpia. Mostraremos a sua aplicação na secção seguinte.

4.5 Equilíbrio de fase

O equilíbrio entre os estados da matéria pode ser compreendido em termos da equação $G = H - TS$ (secção 4.2). A fase com a energia livre mais baixa sob quaisquer condições é a mais estável. Para sólidos H é relativamente grande e negativo [1] por causa das fortes forças de união em sólidos, mas S é pequeno pois as moléculas têm pouca liberdade, e assim a baixas temperaturas os sólidos constituem a fase mais estável.

Para gases H é próximo de zero porquanto não há fortes interacções entre as moléculas, mas S é grande porquanto as moléculas têm largo espaço onde se podem mover. Assim os gases constituem a fase mais estável a altas temperaturas. Isto está ilustrado na Fig. 4.2 que mostra um gráfico da energia livre como função da temperatura. Os declives das curvas são determinados pela entropia das fases porque $\left(\frac{\partial G}{\partial T}\right)_P = -S$ (secção 4.4).

---

[1] Relativamente à entalpia da substância no estado de gás perfeito e sob as mesmas condições.

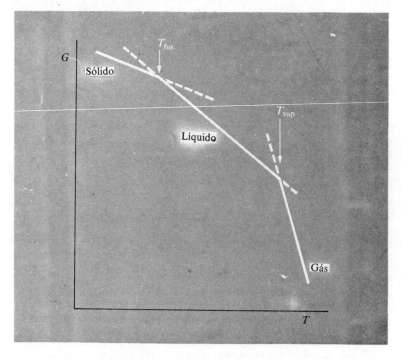

Fig. 4.2 A energia livre de Gibbs como função da temperatura para uma substância pura.

A fase com a entropia mais alta, a fase gasosa, tem o declive negativo maior e a sua energia livre é mais baixa a altas temperaturas. No ponto onde as curvas se intersectam, as energias livres das duas fases representadas por essas curvas, são iguais. Como $\Delta G = 0$, $\Delta H = T\Delta S$. Assim

$$\Delta S_{fus} = \frac{\Delta H_{fus}}{T_{fus}} \quad \text{e} \quad \Delta S_{vap} = \frac{\Delta H_{vap}}{T_{vap}}.$$

A informação de tais diagramas, se existir para várias pressões, pode ser representada em *diagramas de fase* tais como a Fig. 4.3. A linha AB é a curva de pressão de vapor para a água. AD é a curva de fusão. AC dá a pressão de vapor do gelo. O ponto A, no qual as 3 linhas se intersectam, é chamado o *ponto triplo* (para a água é a 273·16 K e 4·58 mm Hg de pressão).

O EQUILÍBRIO NOS SISTEMAS QUÍMICOS 51

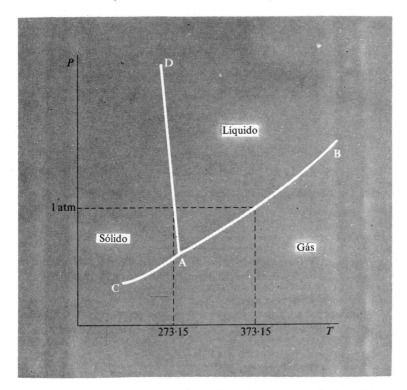

Fig. 4.3 Diagrama de fases para a água (esquemático: não à escala).

Enquanto a dependência da energia livre da temperatura de uma fase está relacionada com a sua entropia, a dependência da pressão está relacionada com o seu volume. Como mostrado na secção 4.3, $\left(\frac{\partial G}{\partial P}\right)_T = V$ e a variação na posição de equilíbrio entre as fases (tal como representada pelas curvas da Fig. 4.3) depende da alteração de volume associado com a transição de fase. Assim como ΔU para fusão é pequeno comparado com a alteração de volume associado com a vaporização, o ponto de fusão é muito menos sensível à pressão do que o ponto de ebulição.

4.6 A equação de Clapeyron

Podemos agora aplicar as considerações termodinâmicas da última secção de maneira quantitativa, para obtermos uma importante relação. Consideremos duas fases, um líquido e o seu vapor, em equilíbrio à temperatura T e pressão P. Se alterarmos as condições para $T + dT$ e $P + dP$ então, como $dG = VdP - SdT$ (secção 4.2), obtemos para o líquido $dG(l) = V(l)dP - S(l)dT$, e para o vapor $dG(g) = V(g)dP - S(g)dT$. Se, sob as novas condições as fases ainda estiverem em equilíbrio, então $dG(l) = dG(g)$.

Igualando as alterações de energia livre

$$V(l)dP - S(l)dT = V(g)dP - S(g)dT,$$

e

$$\frac{dP}{dT} = \frac{S(g) - S(l)}{V(g) - V(l)} = \frac{\Delta S_{vap}}{\Delta V_{vap}}.$$

Como as duas fases estão em equilíbrio,

$$\Delta G_{vap} = \Delta H_{vap} - T\Delta S_{vap} = 0,$$

$$\Delta S_{vap} = \frac{\Delta H_{vap}}{T};$$

e

$$\frac{dP}{dT} = \frac{\Delta H_{vap}}{T\Delta V_{vap}}$$

onde T é o ponto de ebulição à pressão considerada. A equação

$$\boxed{\left(\frac{dP}{dT}\right)_{equil} = \frac{\Delta H}{T\Delta V}}$$

é conhecida como a equação de Clapeyron. É exacta e aplica-se ao equilíbrio entre quaisquer duas fases, isto é, quer para o processo de fusão quer para o de vaporização.

4.7 A equação de Clausius-Clapeyron

Quando aplicada à vaporização, a equação de Clapeyron pode ser modificada para dar outra relação útil e importante. Usaremos a equação deduzida na secção 4.6,

$$\frac{dP}{dT} = \frac{\Delta H_{vap}}{T\Delta V_{vap}},$$

O EQUILÍBRIO NOS SISTEMAS QUÍMICOS

junto com
$$\Delta V_{vap} = V(g) - V(l).$$

À temperatura ambiente e a 1 atm de pressão $V(g) \approx 24\,000$ cm^3 e $V(l) \approx 100$ cm^3 para uma mole de substância, e assim $V(g) \gg V(l)$ e nós podemos substituir ΔV_{vap} por $V(g)$. Uma vez mais, e se o vapor seguir a equação dos gases perfeitos, teremos para uma mole

$$V(g) = \frac{RT}{P} \quad \text{(secção 1.5)}$$

e

Assim
$$\frac{dP}{dT} = \frac{\Delta H_{vap}}{RT^2} P.$$

$$\frac{d \ln P}{dT} = \frac{\Delta H_{vap}}{RT^2}.$$

Se ΔH for independente da temperatura então

$$\ln P = -\frac{\Delta H_{vap}}{RT} + \text{const.}$$

Estas equações que relacionam a dependência da pressão do vapor com a temperatura de um líquido, com ΔH_{vap}, a sua variação de entalpia por mole na vaporização, são chamadas as equações de Clausius-Clapeyron. Ao contrário da equação de Clapeyron, não são exactas, porquanto foram introduzidas várias aproximações na sua derivação, mas são no entanto extremamente valiosas.

4.8 A pressão de vapor de líquidos

Consideremos agora a vaporização de um líquido do ponto de vista da variação da energia livre na vaporização. A energia livre de uma mole de vapor perfeito é dada por

$$G(g) = G^0(g) + RT \ln P \quad \text{(secção 4.3)},$$

onde P é o valor numérico da pressão de vapor do líquido em atmosferas. $G^0(g)$ é a energia livre de uma mole de vapor a 1 atm de pressão. A energia livre de uma mole de líquido será simplesmente $G^0(l)$ pois podemos pressupor que a energia livre de uma fase condensada é virtualmente independente da pressão. A variação na energia livre quando ocorre a vaporização de uma mole de líquido, produzindo uma mole de vapor à sua pressão de equilíbrio, P, é

$$\Delta G = G(g) - G(l) = G^0(g) - G^0(l) + RT \ln P.$$

Como o líquido e o seu vapor estão em equilíbrio não pode haver alteração na energia livre: $\Delta G = 0$. (Mais tarde provaremos isto por métodos mais rigorosos).
Por conseguinte

$$\boxed{\Delta G^0_{vap} = -RT \ln P}.$$

Esta equação diz-nos como é determinada a pressão de vapor de um líquido pela alteração da energia livre quando se vaporiza uma mole de líquido para produzir uma mole de vapor *à pressão de uma atmosfera*. No ponto de ebulição normal onde o líquido está em equilíbrio com o seu vapor à pressão de uma atmosfera, $\Delta G^0_{vap} = 0$.

Para encontrar a variação da pressão de vapor com a temperatura usamos as equações de Gibbs-Helmholtz derivadas anteriormente (secção 4.4):

$$\left[\frac{\partial\left(\frac{\Delta G}{T}\right)}{\partial T}\right]_P = -\frac{\Delta H}{T^2}$$

$$\frac{d \ln P}{dT} = -\frac{1}{R}\left[\frac{\partial\left(\frac{\Delta G^0_{vap}}{T}\right)}{\partial T}\right]_P = \frac{\Delta H^0_{vap}}{RT^2}; \text{(}^1\text{)}$$

$$\boxed{\frac{d \ln P}{dT} = \frac{\Delta H^0_{vap}}{RT^2}}.$$

Esta é uma equação de Clausius-Clapeyron que derivámos por outro método na secção anterior.

(¹) $\left[\dfrac{\partial \ln P}{\partial T}\right]_P \equiv \dfrac{d \ln P}{dT}$ pois ΔG^0_{vap} é uma função da temperatura e não da pressão (i. é, $P = 1$ atm por definição).

A tabela 4.1 contém dados medidos da pressão de vapor do n-butano

Tabela 4.1
Pressão de vapor do n-butano

| Resultados experimentais (^{1}) || Os nossos cálculos ||
T/K	P/mmHg	10^3 K/T	lg P (^{2})
195·12	9·90	5·125	0·9956
212·68	36·26	4·702	1·5595
226·29	85·59	4·419	1·9324
262·28	503·34	3·812	2·7019
272·82	764·50	3·665	2·8834

(^{1}) ASTON, J. G. e MESSERYL, G. H., *J. Am. Chem. Soc.*, **62**, 1917 (1940).
(^{2}) Usamos a convenção na qual $\lg x = \log_{10} x$, tal como $\ln x = \log_e x$.

A Fig. 4.4 contém um gráfico de lg P contra $1/T$; se ΔH^0_{vap} for independente da temperatura no gama dos nossos dados, teremos $\lg P = -\Delta H^0_{vap}/2·3 RT + $ const. Medindo-se o coeficiente angular da curva vê-se que é $-1·3 \times 10^3$; por conseguinte $\Delta H_{vap} = 24·8$ kJ mol^{-1} (um valor médio no intervalo de temperatura $200-270$ K). Uma inspecção mais rigorosa mostra que o gráfico é ligeiramente curvilíneo, e uma análise mais cuidadosa dos dados dá para ΔH^0_{vap}, no ponto de ebulição normal, o valor de $22·38$ kJ mol^{-1}.

4.9 Potencial químico

Na discussão tida até agora restringimo-nos a sistemas contendo somente um componente químico. Vamos agora considerar como se podem tratar sistemas de muitos componentes em particular sistemas nos quais a composição química se altera, tal como em sistemas onde se processam reacções químicas.

Para uma substância pura ou para um sistema de composição química constante

$$dG = V dP - S dT \quad \text{(secção 4.2)}.$$

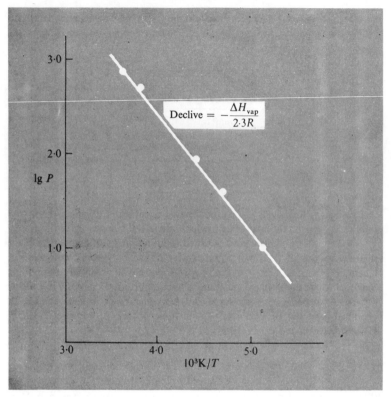

Fig. 4.4 Logaritmo da pressão de vapor de um líquido como função do recíproco da temperatura.

Se os números de moles dos diversos componentes dos sistemas, $n_1 \ldots n_i$, variarem, podemos adicionar mais termos a esta equação

$$dG = V\,dP - S\,dT + \left(\frac{\partial G}{\partial n_1}\right)_{T,P,n_j} dn_1 + \cdots + \left(\frac{\partial G}{\partial n_i}\right)_{T,P,n_j} dn_i,$$

onde o subscrito n_j indica que são mantidas constantes as quantidades de todos os componentes, excepto do que está na derivada. Pode-se definir o *potencial químico* μ_i do componente i como

$$\boxed{\mu_i = \left(\frac{\partial G}{\partial n_i}\right)_{T,P,n_j}};$$

então

$$dG = V\,dP - S\,dT + \sum_i \mu_i\,dn_i$$

Frequentemente chama-se a esta expressão a equação fundamental da termodinâmica química. μ_i pode ser tido como o aumento da energia livre do sistema quando se adiciona uma mole do componente i a uma quantidade infinitamente grande de mistura de tal modo que não altera significativamente a sua composição global. O potencial químico é uma propriedade intensiva e pode ser considerado como a força que conduz os sistemas químicos ao equilíbrio. Consideremos um produto químico i distribuído entre duas fases α e β como ilustrado na Fig. 4.5. Seja $\mu_i(\alpha)$ e $\mu_i(\beta)$ o seu potencial químico nas duas fases. A T e P constantes, se transferimos dn_i moles de i de α para β,

$$dG = [\mu_i(\beta) - \mu_i(\alpha)]\,dn_i.$$

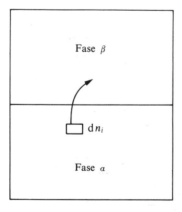

Fig. 4.5 Um componente em equilíbrio entre as duas fases α e β.

No equilíbrio $dG = 0$ e como podemos sempre considerar um valor pequeno mas não nulo de dn_i, tal significa que $\mu_i(\alpha) = \mu_i(\beta)$

é a condição para o equilíbrio. Assim, para um sistema a pressão e temperatura constantes, o potencial químico de cada componente tem de ser igual em todas as partes do sistema. Assim

$$\mu_i(\alpha) = \mu_i(\beta)$$
$$\mu_j(\alpha) = \mu_j(\beta) \quad \text{etc.}$$

Esta é a definição mais útil da posição do equilíbrio químico, pois é frequentemente mais fácil considerar o potencial químico do que definir a posição de energia livre mínima. É o mesmo que se verifica no equilíbrio térmico onde é mais fácil notar que as temperaturas dos dois corpos são iguais que observar que a entropia é máxima.

4.10 O potencial químico e a energia livre

Para uma substância pura, o potencial químico $\left(\dfrac{\partial G}{\partial n_i}\right)_{T,P,n_j}$ é simplesmente a energia livre molar G/n_i (Fig. 4.6). Assim para uma mole de gás $G_i = G_i^0 + RT \ln P_i$ (secção 4.3) e

$$\boxed{\mu_i = \mu_i^0 + RT \ln P_i}.$$

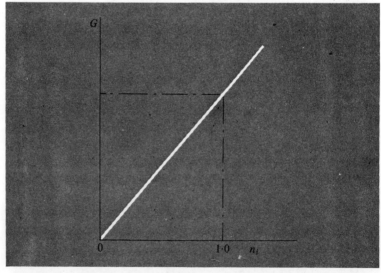

Fig. 4.6 Energia livre de Gibbs como função do número de moles de uma substância pura.

O EQUILÍBRIO NOS SISTEMAS QUÍMICOS

O potencial químico para uma mistura hipotética está ilustrado na Fig. 4.7: claramente que para n'_i, $\mu_i = \left(\dfrac{\partial G}{\partial n_i}\right)$ não é igual a G/n_i num sistema que se comporta como o ilustrado. De facto, μ_i é o aumento de energia livre que ocorre quando se adiciona uma mole de i a uma quantidade infinitamente grande da mistura tal que a sua composição não se altera. Quantidades diferenciais deste tipo são chamadas *quantidades molares parciais*. Assim

$$\mu_i = \left(\frac{\partial G}{\partial n_i}\right)_{T,P,n_j} = \bar{G}_i$$

onde $\bar{G}_i$ é a energia livre parcial molar do componente i do sistema. Podemos definir outras quantidades parciais molares

$$\left(\frac{\partial V}{\partial n_i}\right) = \bar{V}_i.$$

$$\left(\frac{\partial S}{\partial n_i}\right) = \bar{S}_i$$

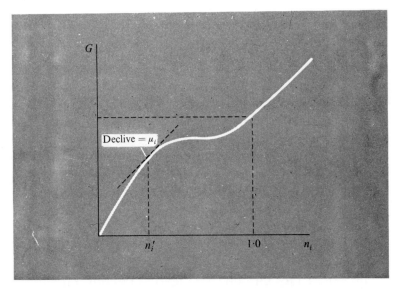

Fig. 4.7 A energia livre de Gibbs como função do número de moles da substância i adicionada à mistura. O declive é o potencial químico de i, μ_i.

$\bar{V}_i$ e $\bar{S}_i$ são o volume parcial molar e a entropia parcial molar. Como

$$\left(\frac{\partial G}{\partial P}\right)_T = V, \quad \left(\frac{\partial \mu_i}{\partial P}\right)_T = \frac{\partial}{\partial n_i}\left(\frac{\partial G}{\partial P}\right)_T = \bar{V}_i.$$

Um argumento semelhante dá

$$\left(\frac{\partial \mu_i}{\partial T}\right)_P = -\bar{S}_i.$$

As quantidades parciais molares desempenham um papel importante no estudo de misturas não ideais mas temos de as usar somente numa extensão limitada, em termodinâmica elementar. Normalmente, podem ser substituídas pelas quantidades molares correspondentes. Assim, em cálculos simples envolvendo gases perfeitos ou soluções ideais, $\bar{V}_i$ pode ser substituído pelo volume de uma mole de i puro, no estado físico apropriado.

4.11 O equilíbrio entre reagentes gasosos
Consideremos o equilíbrio

$$A(g) \rightleftharpoons B(g).$$

Trata-se do tipo mais simples de equilíbrio químico e corresponde ao equilíbrio entre dois isómeros tais como o butano e o isobutano [1]. Se dn_A moles de A forem convertidos em dn_B moles de B a T e P constantes, teremos $dG = (+\mu_A\, dn_A + \mu_B\, dn_B)$, onde dn_A é negativo e dn_B positivo. Podemos definir um *grau de avanço* da reacção ξ, que é zero quando a posição da reacção estiver inteiramente para a esquerda da equação (isto é, só há reagentes presentes) e que é 1 quando a reacção se tiver processado completamente. No nosso exemplo simples, podemos escrever

$$d\xi = dn_B = -dn_A,$$

e

$$dG = (\mu_B - \mu_A)d\xi \text{ a } T \text{ e } P \text{ constantes.}$$

---

[1] n-butano $CH_3-CH_2-CH_2-CH_3$, isobutano $CH_3-CH-CH_3$
$\qquad\qquad\qquad\qquad\qquad\qquad\qquad\qquad\qquad\quad\;\;|$
$\qquad\qquad\qquad\qquad\qquad\qquad\qquad\qquad\qquad\;CH_3$

O EQUILÍBRIO NOS SISTEMAS QUÍMICOS

A reacção processa-se até que G atinja um valor mínimo e $\left(\frac{\partial G}{\partial \xi}\right)_{T,P} = 0$, como ilustrado na Fig. 4.8. Como $\left(\frac{\partial G}{\partial \xi}\right)_{T,P} = \mu_B - \mu_A$, esta é a posição onde $\mu_A = \mu_B$.

Se os componentes seguirem a lei dos gases perfeitos

$$\mu_i = \mu_i^0 + RT \ln P_i \quad \text{(secção 4.10)}.$$

Por consequência

$$\left(\frac{\partial G}{\partial \xi}\right)_{T,P} = \mu_B - \mu_A = \mu_B^0 - \mu_A^0 + RT \ln \frac{P_B}{P_A}.$$

$\mu_B^0 - \mu_A^0$ é ΔG^0, a variação de energia livre quando tem lugar uma mole de reacção mantendo-se os reagentes e produtos de reacção no seu estado padrão (a 1 atm de pressão).

$$\left(\frac{\partial G}{\partial \xi}\right)_{T,P} = \Delta G^0 + RT \ln \frac{P_B}{P_A}$$

$\left(\frac{\partial G}{\partial \xi}\right)_{T,P}$ é a variação da energia livre com o grau de avanço da reacção sob as condições especificadas por P_A e P_B. É igual à variação de energia livre para uma mole de reacção com A à pressão parcial P_A a ir para B à pressão parcial P_B, permanecendo constantes as pressões parciais. Em tratamentos modernos chama-se *afinidade* da reacção a $-\left(\frac{\partial G}{\partial \xi}\right)_{T,P}$, enquanto em textos

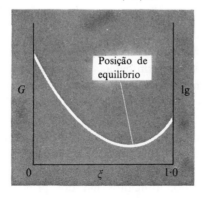

Fig. 4.8 A energia livre de Gibbs como função da extensão da reacção química (ξ).

elementares mais antigos se chama *energia livre de reacção* a $\left(\frac{\partial G}{\partial \xi}\right)_{T,P}$ e escrevendo-se simplesmente ΔG. Denotá-lo-emos por $\Delta G'$, sendo a linha para nos lembrar que na realidade é uma quantidade diferencial e somente corresponde à variação de energia livre para uma mole de reacção sob condições precisamente definidas.

No equilíbrio

$$\Delta G' = \left(\frac{\partial G}{\partial \xi}\right)_{T,P} = 0,$$

e como

$$\boxed{\Delta G' = \Delta G^0 + RT \ln \frac{P_B}{P_A}},$$

$$\Delta G^0 = -RT \ln \left(\frac{P_B}{P_A}\right)_{eq}$$

chamamos ao valor de $\left(\frac{P_B}{P_A}\right)$ no equilíbrio a constante de equilíbrio da reacção K_p.

$$\boxed{\Delta G^0 = -RT \ln K_P}.$$

Esta importante equação diz-nos como pode ser definida a posição de equilíbrio químico em termos da energia livre dos reagentes e produtos de reacção a 1 atm de pressão. Tais energias livres padrão podem ser determinadas experimentalmente e estão tabeladas para serem usadas desta maneira. Consideraremos exemplos específicos mais tarde. A equação é também valiosa no sentido qualitativo. Se ΔG^0 for negativo, sabemos que a posição de equilíbrio corresponderá à presença de mais produtos que reagentes (ln $K_p > 0$). Se ΔG^0 for positivo a reacção não vai tão longe e os reagentes predominarão no ponto de equilíbrio da mistura. Com este resultado, atingimos um dos principais objectivos do nosso estudo.

Mesmo que a nossa reacção fosse mais complicada, teríamos atingido essencialmente os mesmos resultados. Por exemplo, para a reacção.

$$aA + bB \rightleftharpoons lL + mM$$

teríamos

$$dG = \mu_L \, dn_L + \mu_M \, dn_M + \mu_A \, dn_A + \mu_B \, dn_B = \Sigma \mu_i \, dn_i.$$

O grau de avanço ξ teria de ser definido de maneira mais complicada. Tal que

$$d\xi = \frac{dn_L}{l} = \frac{dn_M}{m} = -\frac{dn_A}{a} = -\frac{dn_B}{b} = \frac{dn_i}{v_i}$$

onde v_i representa os coeficientes estequeométricos $-a$, $-b$, m e l. Os v_i para os reagentes são negativos e para os produtos são positivos. Assim

$$dG = (l\mu_L + m\mu_M - a\mu_A - b\mu_B) \, d\xi$$

e

$$\Delta G' = \left(\frac{\partial G}{\partial \xi}\right)_{T,P} = (l\mu_L + m\mu_M - a\mu_A - b\mu_B) = \sum_i v_i \mu_i$$

$$\Delta G' = \Delta G^0 + RT \ln \left(\frac{P_L^l P_M^m}{P_A^a P_B^b}\right)$$

que podemos escrever numa notação mais concisa

$$\Delta G' = \Delta G^0 + RT \ln \prod_i P_i^{v_i}.$$

No equilíbrio $\Delta G^0 = -RT \ln K_p$, e assim

$$K_P = \left(\frac{P_L^l P_M^m}{P_A^a P_B^b}\right)_{eq} = \left(\prod_i P_i^{v_i}\right)_{eq}$$

e

$$\Delta G^0 = \sum_i v_i \mu_i^0,$$

a variação da energia livre padrão para uma mole de reacção.

Estas equações, embora pareçam um pouco mais complicadas, são fundamentalmente as mesmas que obtivemos no nosso exemplo simples e ilustrativo da isomerização do butano. K_p, como P da equação $G = G^0 + RT \ln P$ é estritamente um número sem dimensões mesmo que $(a + b) \neq (l + m)$, uma vez que todas as pressões que o compõem são em si próprias razões sem dimensões, isto é, $P(\text{atm})/1(\text{atm})$.

4.12 As constantes de equilíbrio, função da temperatura

Podemos usar as relações da termodinâmica que obtivemos até aqui para investigar como é que a posição do equilíbrio se altera com a temperatura.

Recordando que, usando

$$\left(\frac{\partial G}{\partial T}\right)_P = -S \quad \text{(secção 4.4)}.$$

e

$$G = H - TS \quad \text{(secção 4.2)},$$

obtivemos a equação de Gibbs-Helmholtz (secção 4.4)

$$\left[\frac{\partial \left(\frac{\Delta G}{T}\right)}{\partial T}\right]_P = -\frac{\Delta H}{T^2}.$$

Podemos diferenciar a equação $\Delta G^0 = -RT \ln K_p$ (secção 4.11) obtendo

$$\left(\frac{\partial \ln K_p}{\partial T}\right)_P = -\frac{1}{R}\left[\frac{\partial \left(\frac{\Delta G^0}{T}\right)}{\partial T}\right]_P = \frac{\Delta H^0}{RT^2}.$$

Chama-se Isócora de Van't Hoff a esta importante equação

$$\left(\frac{\partial \ln K_p}{\partial T}\right)_P = \frac{\Delta H^0}{RT^2}$$

O EQUILÍBRIO NOS SISTEMAS QUÍMICOS

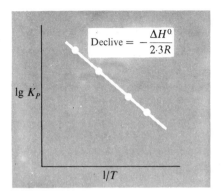

Fig. 4.9 O logaritmo de uma constante de equilíbrio como função do inverso da temperatura (esquemático).

Como ΔG^0 e ΔH^0 não são função da pressão (são por definição os valores a 1 atm), podemos escrever

$$\frac{d \ln K_P}{dT} = \frac{\Delta H^0}{RT^2}.$$

Se pressupusermos que ΔH^0 é independente da temperatura (o que é frequentemente uma razoável aproximação), então por integração obtemos

$$\ln \frac{K_2}{K_1} = -\frac{\Delta H^0}{R}\left(\frac{1}{T_2} - \frac{1}{T_1}\right).$$

Um gráfico de $\lg K_p$ contra $1/T$, como ilustrado na Fig. 4.9, tem o declive de $-\Delta H^0/2\cdot 3\,R$. Para uma reacção exotérmica, ($\Delta H < 0$), K_p tem de decrescer à medida que a temperatura aumenta. Assim com a reacção

$$N_2 + 3H_2 \rightleftharpoons 2NH_3; \qquad \Delta H^0 = -92\cdot 4\,kJ$$

prevemos, e de facto obtemos, menos amónia na mistura em

equilíbrio a altas temperaturas. Para uma reacção endotérmica, ($\Delta H > 0$), K_p aumenta com a temperatura; assim, para o equilíbrio

$$N_2O_4 \rightleftharpoons 2NO_2; \quad \Delta H^0 = 58 \cdot 0 \text{ kJ}$$

prevemos e observamos maior dissociação a altas temperaturas.

EXEMPLO

A constante de equilíbrio K_p para a dissociação de bromo em átomos

$$Br_2 \rightleftharpoons Br \cdot + Br \cdot$$

é 6×10^{-12} a 600 K e 1×10^{-7} a 800 K. Calcule a variação da energia livre padrão para a reacção a estas temperaturas e a variação da entalpia, padrão pressupondo que esta é constante no intervalo de temperatura 600-800 K.

A 600 K

$$\Delta G^0 = -RT \ln K_P \quad (\text{secção } 4.11)$$

$$\Delta G^0 = -8 \cdot 3 \times 600 \times 2 \cdot 3 \times \lg(6 \times 10^{-12})$$

$$\lg(6 \times 10^{-12}) = -11 \cdot 23$$

$$\Delta G^0 = 128 \text{ kJ a } 600 \text{ K}.$$

A 800 K

$$\Delta G^0 = -8 \cdot 3 \times 800 \times 2 \cdot 3 \times (-7)$$

$$\Delta G^0 = 106 \text{ kJ a } 800 \text{ K}$$

$$\frac{d \ln K_P}{dT} = \frac{\Delta H^0}{RT^2} \quad (\text{secção } 4.12)$$

Integrando

$$\ln \frac{K_P(T_2)}{K_P(T_1)} = \frac{\Delta H^0}{R} \left[\frac{1}{T_1} - \frac{1}{T_2} \right]$$

$$\frac{\Delta H^0}{8 \cdot 3} \left[\frac{1}{600} - \frac{1}{800} \right] = 2 \cdot 3 \lg \left(\frac{10^{-7}}{6 \times 10^{-12}} \right)$$

$$\Delta H^0 = 192 \text{ kJ}$$

Também calculamos a variação da entropia padrão associada com a reacção a partir de $\Delta G^0 = \Delta H^0 - T \Delta S^0$:

a 600 K

$$\Delta S^0 = \frac{(192 - 128)}{600} \times 10^3 = 107 \text{ J K}^{-1}$$

Como esperaríamos a energia das moléculas é grande e negativa relativamente aos átomos constituintes; assim a variação da entalpia no processo de dissociação é positiva e desfavorável ao processo de dissociação. Contudo a liberdade adicional adquirida pelos átomos dissociados conduz a uma variação positiva da entropia. Tal favorece a dissociação que aumenta à medida que se eleva a temperatura.

4.13 Efeito da pressão nas constantes de equilíbrio

Como K_p pode ser definido em termos das energias livres das substâncias participantes nos *estados padrão*, isto é, a 1 atm de pressão, tem de ser independente da pressão.

Consideremos a reacção

$$A_2(g) \rightleftharpoons 2A(g)$$
$$1-\alpha \qquad 2\alpha$$

$$K_P = \frac{P_A^2}{P_{A_2}} \qquad \text{(secção 4.11)}$$

Se exprimirmos as pressões parciais em termos do grau de dissociação α

$$P_A = \frac{2\alpha}{1+\alpha} P \qquad \text{(secção 1.5)}$$

e

$$P_{A_2} = \frac{1-\alpha}{1+\alpha} P$$

onde P é a pressão total. Por conseguinte

$$K_P = \frac{4\alpha^2 P}{(1-\alpha)(1+\alpha)} = \frac{4\alpha^2 P}{(1-\alpha^2)}$$

Assim, como K_p é independente da pressão total, o grau de dissociação α tem, de facto, de decrescer à medida que P aumenta. Se pudermos exprimir a constante de equilíbrio em termos de fracções molares definidas por

$$x_i = \frac{n_i}{n}$$

onde n é o número total de moles do sistema, então

$$K_x = \frac{x_N^n x_M^m}{x_A^a x_B^b}$$

Como a pressão parcial é proporcional à fracção molar para misturas de gases perfeitos, $P_i = x_i P$, teremos

$$K_x = \frac{P_N^n P_M^m}{P_A^a P_B^b} P^{(a+b-n-m)},$$

ou

$$K_x = K_P P^{-\Delta n},$$

onde $\Delta n = n + m - a - b$ é a variação no número de moles de substâncias gasosas à medida que a reacção prossegue da esquerda para a direita. Assim, e a menos que $\Delta n = 0$ as fracções molares dos componentes da mistura em equilíbrio dependerão da pressão total embora K_p não dependa. Se a reacção for tal que aumenta o número de moles do gás, um aumento na pressão reduzirá a fracção molar dos produtos na mistura final em equilíbrio. Podemos exprimir a dependência de K_x da pressão de uma maneira mais geral.

$$\left(\frac{\partial \ln K_x}{\partial P}\right)_T = \left(\frac{\partial \ln K_P}{\partial P}\right)_T - \Delta n \left(\frac{\partial \ln P}{\partial P}\right)_T.$$

Para um gás perfeito $P \Delta V = \Delta n RT$. Por conseguinte, como $\left(\frac{\partial \ln K_P}{\partial P}\right)_T = 0$, obteremos

$$\boxed{\left(\frac{\partial \ln K_x}{\partial P}\right)_T = -\frac{\Delta n}{P} = -\frac{\Delta V}{RT}.}$$

Esta equação aplica-se não somente a equilíbrios envolvendo gases mas também a equilíbrios em solução e, na realidade, a qualquer equilíbrio desde que a sua constante seja expressa em termos de fracções molares em vez de pressões parciais. Nestas circunstâncias, ΔV é a variação de volume que acompanha uma mole de reacção ([1]).

---

[1] Rigorosamente uma mole de reacção com todas as substâncias nos seus estados padrão. Estes novos estados padrão, que serão discutidos mais tarde, são definidos a concentrações unitárias em vez de pressões parciais unitárias e não são os estados padrão que temos utilizado até ao presente.

4.14 Resultados básicos da termodinâmica química

O famoso químico-físico, G. N. Lewis, disse uma vez: «A termodinâmica não apresenta nenhuma novidade». Com isto ele queria dizer que as conclusões da termodinâmica são muito gerais. Assim, se aplicarmos a termodinâmica a um equilíbrio chegaremos à resposta correcta mesmo que, por exemplo, tenhamos uma ideia inteiramente errada da natureza das moléculas que constituem o nosso sistema. Por esta razão, só podem existir relativamente poucas equações termodinâmicas e estas têm de ser de aplicação bastante vasta. Pode ter-se notado que ao estudar, quer a pressão de vapor de um líquido quer uma reacção química, obtivemos equações que, embora conhecidas com nomes diferentes, tinham exactamente a mesma forma. Vamos agora resumir estas equações.

(i) Para qualquer sistema em equilíbrio $\Delta G^\ominus = -RT \ln K$ (secção 4.11), onde K é uma quantidade que caracteriza a posição de equilíbrio em termos das quantidades de materiais presentes na mistura em equilíbrio. Assim K pode ser uma constante de equilíbrio, uma pressão de vapor, ou uma solubilidade. $\Delta G^\ominus$ é uma variação da energia livre padrão para uma mole de reacção para a equação que descreve o equilíbrio. (Nesta formulação geral os estados padrão não são necessariamente os baseados no padrão de 1 atm de pressão).

(ii) O segundo tipo de equação é $\left(\dfrac{\partial \ln K}{\partial T}\right)_P = \dfrac{\Delta H^\ominus}{RT^2}$ (secção 4.12), onde K é uma quantidade que caracteriza a posição de equilíbrio e $\Delta H^\ominus$ é a variação da entalpia padrão para uma mole de reacção.

(iii) O efeito da pressão na posição de equilíbrio pode ser expresso como $\left(\dfrac{\partial \ln K_x}{\partial P}\right)_T = -\dfrac{\Delta V^\ominus}{RT}$ (secção 4.13), onde $\Delta V^\ominus$ é a variação de volume que acompanha uma mole de reacção sob condição padrão.

(iv) A última equação que recordamos, da secção 4.11, pode ser escrita numa forma generalizada $\Delta G' = \left(\dfrac{\partial G}{\partial \xi}\right)_{T,P} = \Delta G^\ominus + RT \ln \prod c_i^{\gamma_i}$ onde c_i é uma medida da quantidade do constituinte de ordem *i* envolvido na reacção. Isto dá-nos a variação da energia livre que ocorre quando uma mole de reacção é executada sob as condições especificadas por c_i. Estas equações dependem do facto de

$$\mu_i = \mu_i^\ominus + RT \ln c_i$$

onde c_i é um tipo apropriado de medida da concentração de *i*, isto é, P_i, x_i; $\mu_i^\ominus$ é o potencial químico do estado padrão, isto é, o estado para o qual $c_i = 1$. Se estivermos a exprimir o equilíbrio em termos de pressões parciais então $\mu_i^\ominus = \mu_i^0$, o estado padrão baseado numa atmosfera de pressão.

4.15 O Princípio de Le Chatelier

A direcção da alteração na posição do equilíbrio devido a alterações nas variáveis exteriores tais como *T* e *P* pode geralmente ser encontrada aplicando o Princípio de Le Chatelier que afirma: *Uma perturbação num sistema em equilíbrio provocará uma alteração no equilíbrio de tal maneira que tenda a remover essa perturbação.*

Por exemplo, se numa reacção for libertado calor ($\Delta H < 0$), um abaixamento de temperatura fará prosseguir a reacção porquanto mover o equilíbrio para o lado dos produtos tende a levantar a temperatura do sistema. Se a reacção se processa com uma alteração positiva de volume, então a aplicação de pressão altera o equilíbrio na direcção dos reagentes. Estas conclusões podem ser expressas de modo quantitativo pelas equações

$$\left(\frac{\partial \ln K}{\partial T}\right)_P = \frac{\Delta H^0}{RT^2} \text{ (secção 4.12)}; \quad \left(\frac{\partial \ln K_x}{\partial P}\right)_T = -\frac{\Delta V}{RT} \text{ (secção 4.13)}.$$

O Princípio de Le Chatelier fornece um bom guia para os efeitos de alteração da temperatura e da pressão. Contudo, para o tornar universalmente verdadeiro, teria de ser enunciado de uma maneira mais rigorosa; assim sendo, é aconselhável tomá-lo só como um guia útil ou *aide memoire* em vez de o considerar como um princípio fundamental da termodinâmica.

O EQUILÍBRIO NOS SISTEMAS QUÍMICOS

PROBLEMAS

4.1 O naftaleno funde a 353 K a 1 atm de pressão com uma variação de entalpia na fusão de 19 kJ mol^{-1}. O aumento de volume na fusão é de 19×10^{-6} m^3. Que variação na temperatura de fusão se observa se a pressão for elevada de 100 atm? (1 atm = 10^5 Nm^{-2}).

4.2 A pressão de vapor de um líquido é

T/K	326·1	352·9	415·0	451·7
Pressão de vapor/mm Hg	1·0	5·0	100	400

Calcule a variação de entalpia durante a vaporização. Calcule a variação de energia livre de Gibbs padrão que acompanha a vaporização a 373 K.

4.3 O ácido fórmico está parcialmente associado em dímeros, na fase gasosa. A fracção molar presente na forma de monómero é 0·228 a 283 K e 10 mmHg de pressão e 0·715 a 333 K e 16 mmHg. Calcule a variação de entalpia na dimerização. (760 mmHg = 1 atm = 10^5 Nm^{-2}).

4.4 Numa mistura a 1 atm a pressão parcial de CO em equilíbrio com CO$_2$ e C é a seguinte:

T/K	1083	1173	1253
Pressão parcial de CO/atm	0·931	0·978	0·991

Calcule a variação de entalpia que acompanha a reacção CO$_2$ + C → 2CO.

4.5 A constante de equilíbrio para a reacção H$_2$ + I$_2 \rightleftharpoons$ 2HI é 45·6 a 764 K e 60·8 a 667 K. Faça uma estimativa da variação de entalpia que acompanha uma mole daquela reacção.

5. Determinação de quantidades termodinâmicas

5.1 A Lei de Hess

As equações que obtivemos só nos serão úteis para qualquer processo se pudermos facilmente calcular ΔG^0, ΔH^0, e ΔS^0. O facto de estarmos a lidar com funções de estado é de considerável ajuda, porquanto as variações numa função de estado somadas ao longo de um ciclo completo têm de ser zero, e a variação de qualquer função de estado entre dois estados é constante e independente do caminho percorrido entre os estados (secção 2.6). Este princípio foi primeiramente enunciado por Hess (1840) com referência específica às variações de entalpia. O seu valor está no facto de que as variações de entalpia que acompanham algumas reacções são fáceis de medir enquanto outras são difíceis.

Como exemplo consideremos a variação de entalpia quando se forma metano a partir dos seus elementos, estando, tanto reagentes como produtos, nos seus estados padrão. Chama-se entalpia de formação padrão e simboliza-se por ΔH_f^0.

$$C(s) + 2H_2(g) \rightarrow CH_4(g).$$

O estado padrão de cada elemento é definido na sua forma mais estável a 1 atm e temperatura especificada (as entalpias de formação são mais vulgarmente medidas e citadas a 298 K). A reacção directa não pode ser executada convenientemente mas é relativamente fácil medir o calor de combustão do metano num aparelho chamado calorímetro de chama. Como $\Delta H = (q)_p$ (secção 2.7), o calor produzido quando se queima metano com oxigénio dá directamente a entalpia de combustão.

$$CH_4(g) + 2O_2(g) \rightarrow CO_2(g) + 2H_2O(l); \quad \Delta H = -890.4 \text{ kJ}$$

$$C(s) + O_2(g) \rightarrow CO_2(g); \quad \Delta H = -393.5 \text{ kJ}$$

$$2H_2(g) + O_2(g) \rightarrow 2H_2O(l); \quad \Delta H = -571.6 \text{ kJ}.$$

Podemos aplicar a Lei de Hess ao problema combinando a

QUANTIDADES TERMODINÂMICAS

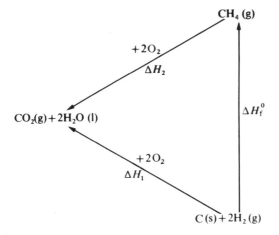

Fig. 5.1 O calor de formação do metano a partir dos seus elementos e os dois processos de combustão que tomados juntamente são equivalentes.

entalpia de combustão com a do carbono e hidrogénio. Da Fig. 5.1 vemos que

$$\Delta H_f^0 = \Delta H_1 - \Delta H_2.$$

ΔH_1 é a entalpia de combustão de uma mole de carbono e duas moles de hidrogénio. Por consequência

$$\Delta H_f^0(CH_4) = -393 \cdot 5 - 571 \cdot 6 + 890 \cdot 4;$$

$$\Delta H_f^0(CH_4) = -74 \cdot 7 \text{ kJ a 298 K}.$$

Nem sempre é necessário traçar caminhos alternativos. Se escrevermos uma série de reacções químicas juntas com as variações de entalpia que as acompanham, então por adição temos a variação de entalpia correspondente à reacção total. A reacção total e as reacções constituintes tomadas juntamente representam duas maneiras diferentes de executar o processo.

	ΔH kJ
$C(s) + O_2(g) \rightarrow CO_2(g)$	$-393 \cdot 5$
$2H_2(g) + O_2(g) \rightarrow 2H_2O(g)$	$-571 \cdot 6$
$CO_2(g) + 2H_2O(g) \rightarrow CH_4(g) + 2O_2(g)$	$+890 \cdot 4$

Adicionando,

$$2H_2(g) + C(s) \to CH_4(g) \qquad -74.7.$$

Se se considerar a reacção química inversa, a variação da entalpia muda de sinal.

5.2 Entalpias de formação padrão

As entalpias de formação padrão dos compostos químicos ([1]) são de grande valor prático para os químicos. Fornecem um método fácil para determinar a variação de entalpia que acompanha qualquer reacção, como

$$\boxed{\Delta H^0 = \Sigma \Delta H_f^0(\text{produtos}) - \Sigma \Delta H_f^0(\text{reagentes})}.$$

A validade desta equação baseia-se no seguinte facto: quando ocorrem reacções químicas o número total de elementos permanece inalterado — os elementos são meramente redistribuídos, ligados a diferentes parceiros. Podemos confirmar isso considerando as reacções

$$CO(g) + \tfrac{1}{2}O_2(g) \to CO_2(g)$$

e

se escrevermos

$$C(s) + \tfrac{1}{2}O_2(g) \to CO(g); \qquad \Delta H_f^0(CO)$$

$$C(s) + O_2(g) \to CO_2(g); \qquad \Delta H_f^0(CO_2).$$

$$C(s) + O_2(g) \to CO_2(g); \qquad \Delta H_f^0(CO_2)$$

$$CO(g) \to C + \tfrac{1}{2}O_2(g); \qquad -\Delta H_f^0(CO).$$

Adicionando,

$$CO(g) + \tfrac{1}{2}O_2(g) \to CO_2(g),$$

e

$$\Delta H^0 = \Delta H_f^0(CO_2) - \Delta H_f^0(CO)$$

de acordo com a equação geral.

([1]) Recorde-se que se trata da variação de entalpia quando se forma um composto a partir dos seus elementos nos seus estados padrão, i. é, estados normais da matéria a 1 atm de pressão. Os valores de ΔH_f^0 estão normalmente tabelados para 298 K.

Os calores de formação de elementos no seu estado padrão são zero, como é evidente (formação de um elemento a partir dos seus elementos!). Se o elemento não estivesse no seu estado padrão, então teríamos de ter esse facto em conta. Assim, se tivéssemos de considerar uma reacção envolvendo bromo no estado gasoso teríamos de ter em consideração a sua entalpia de vaporização.

5.3 Energia de ligação

À variação de entalpia para a dissociação de uma molécula diatómica, tal como o H_2, nos seus átomos na forma gasosa, pode-se chamar *energia de dissociação da ligação* (ou mais rigorosamente a *entalpia* de dissociação da ligação). Se considerarmos a reacção

$$CH_4(g) \rightarrow C(g) + 4H(g)$$

poderíamos identificar a variação da entalpia que acompanha a reacção com a energia de dissociação de quatro ligações C—H. Esta variação de entalpia pode ser directamente calculada a partir dos seguintes dados termodinâmicos:

$CH_4(g) \rightarrow C(s) + 2H_2(g);$ $\Delta H = -\Delta H_f^0(CH_4) = +75\,kJ$

$C(s) \rightarrow C(g);$ $\Delta H = +\Delta H_f^0[C(g)] = +717\,kJ$

$2H_2(g) \rightarrow 4H(g);$ $\Delta H = -4\Delta H_f^0[H(g)] = +872\,kJ$

$CH_4(g) \rightarrow C(g) + 4H(g);$ $\Delta H = 1664\,kJ.$

Assim pode-se estimar a energia de dissociação da ligação carbono-hidrogénio em 416 kJ. Exercícios termodinâmicos semelhantes permitem-nos construir um conjunto de energias de ligação. Tal como o dado na tabela 5.1, o qual podemos usar para fazer estimativas às variações de entalpia que acompanham as reacções. O método só é aproximado, tal como é o conceito de energia específica associada com uma ligação entre dois elementos. Na prática a energia associada com a ligação química pode variar de acordo com o que, na molécula, está à sua volta.

QUANTIDADES TERMODINÂMICAS

Tabela 5.1
Valores médios de energias de ligação/($kJ\ mol^{-1}$)

H—H	436	C—C	348	C=C	615
H—C	414	C—N	292	C≡C	812
H—O	463	C—O	351	C=O	728
H—Cl	431	C—F	255	C≡N	879
		C—Cl	343		
		C—Br	289		

Por exemplo, a entalpia de formação do etano pode ser calculada a partir das energias de ligação ε como se segue:

$$2C(s) + 3H_2(g) \rightarrow C_2H_6(g)$$

$$-\Delta H_f^0(C_2H_6) = 1\varepsilon_{C-C} + 6\varepsilon_{C-H} - 3\varepsilon_{H-H} - 2\Delta H_{vap}(C)$$

$$= (348 + 2484 - 1308 - 1434)\ kJ.$$

Por consequência

$$\Delta H_f^0 = -90\ kJ.$$

O valor experimental para a entalpia de formação do etano é $-84\cdot5$ kJ, e o valor calculado a partir da diferença de energias muito grandes só aproximadamente é concordante.

5.4 Dependência das variações de entalpia da temperatura

Como

$$\left(\frac{\partial H}{\partial T}\right)_P = C_p$$

então

$$\boxed{\left(\frac{\partial(\Delta H)}{\partial T}\right)_P = \Delta C_p}$$

à qual se chama equação de Kirchhoff; ΔH é a variação de entalpia que acompanha uma reacção e ΔC_p é a soma das capacidades caloríficas dos produtos menos a soma das capacidades caloríficas dos reagentes. Integrando entre as temperaturas T_1 e T_2,

$$\Delta H_2 - \Delta H_1 = \int_{T_1}^{T_2} \Delta C_p \, dT.$$

Se as diferenças nas capacidades caloríficas forem independentes da temperatura.

$$\Delta H_2 - \Delta H_1 = \Delta C_p (T_2 - T_1)$$

De uma maneira mais geral as capacidades caloríficas dos componentes podem ser expressas na forma

$$C_p = a + bT + cT^2 \cdots,$$

e o integral calculado pelo processo normal.

EXEMPLO

A variação de entalpia ΔH quando uma mole de água gela a 273 K é $-6 \cdot 00$ kJ. C_p para a água é $75 \cdot 3$ JK^{-1} mol^{-1} e para o gelo $37 \cdot 6$ JK^{-1} mol^{-1}. Calcule a variação de entalpia quando a água gela a 253 K.

$$H_2O(l) \rightarrow H_2O(s)$$
$$\Delta H_2 = \Delta H_1 + \Delta C_p (T_2 - T_1)$$
$$\Delta H_2 = -6000 + (37 \cdot 6 - 75 \cdot 3)(253 - 273) \text{ J}$$
$$\Delta H_2 = -6000 + 754 \text{ J, ou}$$
$$\Delta H_2 = -5 \cdot 2 \text{ kJ}.$$

5.5 Energias de formação padrão

Energias livres de Gibbs de formação padrão de compostos a partir dos seus elementos podem ser definidas da mesma maneira que as entalpias.

$$\boxed{\Delta G^0 = \Sigma \Delta G_f^0 (\text{produtos}) - \Sigma \Delta G_f^0 (\text{reagentes})}.$$

Como vimos (secção 4.11), ΔG^0 define a posição de equilíbrio para uma reacção química, pois que $\Delta G^0 = -RT \ln K_p$. Para uma reacção tal como

$$A + B = C + D$$

se ΔG^0 for negativo, K_p será maior que a unidade e os produtos predominarão. Contudo se ΔG^0 for positivo K_p será menor que a unidade e os reagentes predominarão na mistura em equilíbrio. Embora tal informação seja um guia útil para a viabilidade de executar uma reacção química, pode por vezes ser enganadora. Assim a 298 K para a reacção

$$H_2(g) + \tfrac{1}{2}O_2(g) \rightarrow H_2O(l); \quad \Delta G^0 = -237 \cdot 2 \text{ kJ}.$$

O alto valor negativo de ΔG^0 indica que muito pouco hidrogénio e oxigénio estarão presentes no estado de equilíbrio. Contudo uma mistura de H_2 e O_2 pode ser mantida por longo tempo na ausência de um catalizador apropriado (ou de uma faísca), sem a formação da água. Assim, embora ΔG^0 nos diga qual o estado mais estável do sistema do ponto de vista termodinâmico, este não é automaticamente atingido pelo sistema. Frequentemente, ao passar de um estado termodinâmico para outro, como por exemplo numa reacção química, pode haver uma alta barreira de energia entre dois estados como ilustrados na Fig. 5.2. Assim a

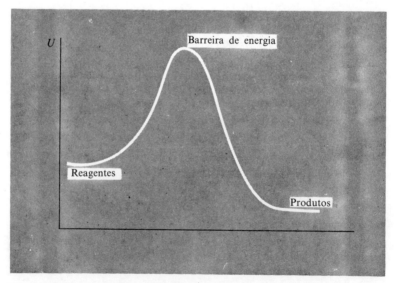

Fig. 5.2 Barreira de energia entre os reagentes e produtos de reacção química.

QUANTIDADES TERMODINÂMICAS

velocidade de passagem ao estado de mais baixa energia pode ser tão vagaroso que o estado de equilíbrio não seja atingido num tempo razoável.

5.6 Determinação das variações de energia

ΔG^0 pode ser determinado a partir de valores observados para as constantes de equilíbrio. Contudo, frequentemente desejamos ser capazes de fazer o oposto e prever constantes de equilíbrio, a partir da energia livre padrão. Para fazer isto usamos a equação (secção 4.2).

$$\Delta G^0 = \Delta H^0 - T\Delta S^0.$$

Para uma reacção, ΔH^0 pode ser medido directamente pelo uso de calorimetria ou indirectamente fazendo uso da Lei de Hess. Para qualquer reacção também temos

$$\Delta S^0 = \Sigma \Delta S_f^0 (\text{produtos}) - \Sigma \Delta S_f^0 (\text{reagentes}),$$

e assim um conhecimento das entropias de formação permitir-nos-ia determinar ΔS^0. Contudo somos capazes de determinar ΔS^0 por um método mais directo.

5.7 Determinação das entropias das substâncias

Como já demonstrámos a entropia de uma substância pode ser determinada a partir das equações

$$dS = \frac{dq_{rev}}{T} \quad (\text{secção 3.3}) \quad \text{e} \quad C_p = \left(\frac{dq}{dT}\right)_p \quad (\text{secção 2.8}),$$

que dão, a pressão constante,

$$dS = \frac{C_p}{T} dT,$$

$$S_T - S_0 = \int_0^T \frac{C_p}{T} dT \quad (\text{secção 3.9}).$$

Contudo, ao contrário da entalpia e da energia livre, a entropia *absoluta* de uma substância pode ser determinada invocando o Terceiro Princípio da Termodinâmica. Este princípio pode ser enunciado assim: *A entropia de todos os cristais perfeitos é zero, no zero absoluto de temperatura.* A maior parte das substâncias puras formam essencialmente cristais perfeitos a baixas temperaturas e em tais casos podemos pressupor $S_0 = 0$. Por conseguinte

$$S_T = \int_0^T \frac{C_p}{T} dT = \int_0^T C_p \, d(\ln T).$$

Das medidas de C_p como função de T (Fig. 5.3), pode calcular-se S_T por integração. Se for outra substância que não um sólido à temperatura T, será isotermicamente absorvido algum calor no ponto de fusão (e, se for um gás, o mesmo se passa no ponto de ebulição). A contribuição destes dois processos isotérmicos tem de ser adicionada ao integral.

$$\Delta S_{fus} = \frac{\Delta H_{fus}}{T_{fus}},$$

e

$$\Delta S_{vap} = \frac{\Delta H_{vap}}{T_{vap}}.$$

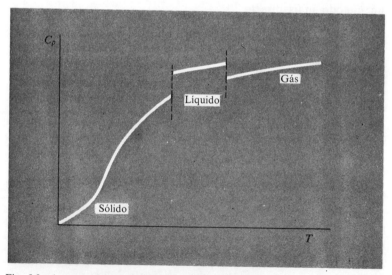

Fig. 5.3 A capacidade calorífica a pressão constante (C_p) de uma substância como função da temperatura (T) (esquemático).

Assim se podem estabelecer as entropias absolutas de elementos e compostos, que podem ser usadas para determinar as variações de entropia que acompanham as reacções químicas.

$$\Delta S^0 = \Sigma S^0 \text{ (produtos)} - \Sigma S^0 \text{ (reagentes)}$$

A base do terceiro princípio pode ser explicada em termos moleculares. No zero absoluto toda a matéria terá a configuração que possui a mínima energia possível, o que ocorre quando todas as moléculas estão no estado energético mais baixo. O número de arranjos do sistema que satisfaz a esta condição é somente um, e assim

$$S_0 = k \ln W = k \ln 1 = 0 \text{ (secção 3.10)}.$$

Por vezes há moléculas que "congelam" noutros estados e assim o estado cristalino perfeito, o verdadeiro estado de equilíbrio, não é atingido a baixas temperaturas. Então S_0, assim medido, não é zero. É frequente chamarem-se a tais casos "excepções do terceiro princípio", o que pode conduzir a conclusões inexactas. Assim alguns sólidos formam estrutura vítrea permanecendo aparentemente estáveis a temperaturas baixas apesar de ser o estado cristalino o de mais baixa energia. Isto porque levaria muitíssimo tempo, a baixas temperaturas, para que as moléculas do vidro se organizassem até atingir o reticulado necessário para a cristalização.

5.8 Exemplo da determinação de quantidades termodinâmicas

Para vermos como são aplicados os métodos de determinação de quantidades termodinâmicas voltemos aos equilíbrios simples que usámos em exemplos anteriores.

$$\text{n-C}_4\text{H}_{10} \rightleftharpoons \text{i-C}_4\text{H}_{10}.$$

Para determinarmos o K_p a partir de dados termodinâmicos para ambos os isómeros necessitamos de ΔG^0. A fim de calcular ΔG^0 temos de obter ΔH^0 e ΔS^0; estas quantidades podem ser calculadas a partir de ΔH_f^0 e S^0 dos isómeros. A melhor maneira de determinar ΔH_f^0 é a partir das variações de entalpia no processo de combustão, e S^0 requer o conhecimento das capacidades caloríficas desde temperaturas muito baixas até à temperatura de interesse. Assim e para começar pelo lado prático, vejamos primeiramente como se mede a variação de entalpia na combustão, e C_p para ambos os isómeros.

Calorímetro de bomba

Determinam-se as variações da entalpia na combustão de sólidos e líquidos usando uma bomba, que em termoquímica é simplesmente um vaso metálico forte imerso num banho de água (Fig. 5.4). Coloca-se uma pequena quantidade da substância em experiência na bomba e enche-se esta com excesso de oxigénio sob pressão (20-30 atm). A substância é incendiada e mede-se a elevação de temperatura do banho de água. Calibra-se a aparelhagem com uma substância cuja variação de entalpia na combustão seja conhecida, ou produzindo uma idêntica elevação de temperatura da água por aquecimento eléctrico. Desta maneira a variação da temperatura do banho pode ser directamente relacionada com a variação de energia na combustão da substância sob investigação. Escusado será dizer que para se obterem valores rigorosos têm de ser aplicados muitos refinamentos experimentais, bem como fazerem-se concessões teóricas. Como as medidas feitas com a bomba são a volume constante, estamos de facto a medir ΔU e não ΔH ($\Delta U = q_v$). Não é difícil a correcção $\Delta H = \Delta U + \Delta(PV) = \Delta U + \Delta nRT$, onde Δn é a variação no número de moles de gases que acompanham a combustão.

Calorímetro de chama

As variações de entalpia na combustão dos gases, tais como isómeros de butano, são normalmente determinadas num calorímetro de chama (Fig. 5.5). Queima-se o gás numa chama com excesso de oxigénio, e mede-se o calor produzido observando o tempo que os produtos de combustão levam para aquecer uma quantidade de água. A aparelhagem tem de ser calibrada por aquecimento eléctrico. Trabalhando a pressão constante, ela dá directamente ΔH a partir do calor libertado na combustão. Os resultados de tal experiência dão —2878·6 e —2871·7 kJ para a

QUANTIDADES TERMODINÂMICAS

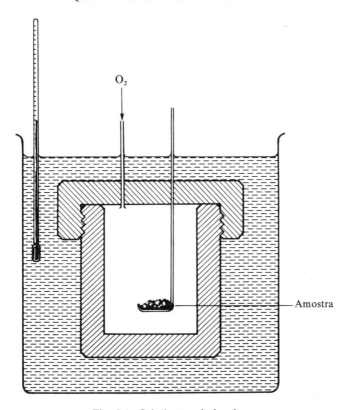

Fig. 5.4 Calorímetro de bomba.

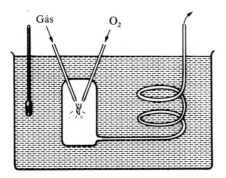

Fig. 5.5 Calorímetro de chama.

entalpia padrão na combustão respectivamente do n-butano e do isobutano. Pode calcular-se ΔH_f^0 da seguinte maneira:

$$C_4H_{10}(g) + 13\tfrac{1}{2}O_2(g) \to 4CO_2(g) + 5H_2O(l); \quad \Delta H_{comb}^0$$

$$5H_2O(l) \to 5H_2(g) + 5\tfrac{1}{2}O_2(g); \quad -5\Delta H_f^0(H_2O)$$

$$4CO_2(g) \to 4C(s) + 4O_2(g); \quad -4\Delta H_f^0(CO_2)$$

$$C_4H_{10}(g) \to 4C(s) + 5H_2(g); \quad -\Delta H_f^0(C_4H_{10}).$$

Por conseguinte $-\Delta H_f^0(\text{n-}C_4H_{10}) = \Delta H_{comb}^0 - 5\Delta H_f^0(H_2O) - 4\Delta H_f^0(CO_2)$.
A 298 K tais cálculos dão

$$-\Delta H_f^0(\text{n-}C_4H_{10}) = -2878{\cdot}6 + 5 \times 285{\cdot}85 + 4 \times 393{\cdot}51$$

$$\Delta H_f^0(\text{n-}C_4H_{10}) = -124{\cdot}7 \text{ kJ}.$$

Um cálculo semelhante dá

$$\Delta H_f^0(\text{i-}C_4H_{10}) = -131{\cdot}6 \text{ kJ}.$$

A variação de entalpia que acompanha uma mole da reacção de isomerização $\text{n-}C_4H_{10} \to \text{i-}C_4H_{10}$ é dada (secção 5.2) por

$$\Delta H^0 = \Delta H_f^0 \text{ (produtos)} - \Delta H_f^0 \text{ (reagentes)}$$

$$\Delta H^0 = -131{\cdot}6 + 124{\cdot}7 = -6{\cdot}9 \text{ kJ}.$$

O isobutano é energicamente mais estável pois tem entalpia mais baixa.

Entropia absoluta do n-butano

Para determinar a entropia do n-butano a 298 K temos de medir a capacidade calorífica desde alguns graus acima do zero absoluto até à temperatura ambiente. Esta medida é feita num calorímetro adiabático de vácuo (Fig. 5.6) no qual a amostra sob investigação está termicamente isolada por ter sido colocada num invólucro no qual se fez o vazio. Pode-se adicionar uma quantidade conhecida de calor eléctrico e mede-se a elevação da temperatura com uma resistência de platina a funcionar de termómetro. Após a correcção para a capacidade calorífica do vaso,

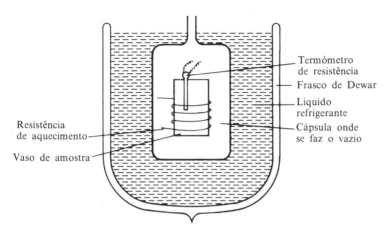

Fig. 5.6 Calorímetro adiabático de vácuo.

a capacidade calorífica da amostra pode ser directamente calculada da equação

$$C_p = \left(\frac{\partial H}{\partial T}\right)_P = \left(\frac{\mathrm{d}q}{\mathrm{d}T}\right)_P \quad \text{(secção 2.8)}.$$

Na prática, são necessários muitos refinamentos ao simples desenho ilustrado para se obterem resultados rigorosos. A entropia é dada por

$$S_T = \int_0^T \frac{C_p}{T}\mathrm{d}T + \frac{\Delta H_{\mathrm{fus}}}{T_{\mathrm{fus}}} + \frac{\Delta H_{\mathrm{vap}}}{T_{\mathrm{vap}}}$$

Pode usar-se directamente o calorímetro para determinar a entalpia de fusão da amostra. A entalpia de vaporização tanto pode ser medida directamente na aparelhagem, como pode ser obtida, e mais facilmente, a partir de medidas de pressão de vapor usando a equação de Clausius-Clapeyron (secção 4.7 e 4.8),

$$\frac{\mathrm{d}\ln P}{\mathrm{d}T} = \frac{\Delta H_{\mathrm{vap}}}{RT^2}.$$

Os resultados de Aston e Messerly [1] para o n-butano são dados na tabela 5.2.

Tabela 5.2
Entropia para o n-butano

T/K	Método	$\Delta S/(J\ K^{-1}\ mol^{-1})$
0–10	Extrapolação	0·62
10–107·55	$\int \frac{C_p}{T}$, Sólido I	60·80
107·55	Transição, $\frac{\Delta H_{trans}}{T_{trans}}$	19·20
107·55–134·89	$\int \frac{C_p}{T}$, Sólido II	18·91
134·89	Fusão, $\frac{\Delta H_{fus}}{T_{fus}}$	34·54
134·89–272·66	$\int \frac{C_p}{T}$, Líquido	84·52
272·66	Vaporização, $\frac{\Delta H_{vap}}{T_{vap}}$	82·09
Correcção do gás para o estado de gás perfeito a 1 atm e 298 K		9·17
		$S^0_{298} = 309·9$

$\Delta H_{trans} = 2067\ J\ mol^{-1}$
$\Delta H_{fus} = 4660\ J\ mol^{-1}$
$\Delta H_{vap} = 22\ 388\ J\ mol^{-1}$

Está incluída uma contribuição extra de uma transição de uma fase do estado sólido a 107·55 K (e a sua magnitude mostra a importância de incluir todas as transições de fase). Experiências e cálculos semelhantes para o isobutano dão $S^0_{298} = 294·6\ JK^{-1}\ mol^{-1}$. Assim para uma mole de reacção

$$\Delta S^0 = 294·6 - 309·9$$
$$= -15·3\ JK^{-1}.$$

[1] J. Am. Chem. Soc., **62**, 1917 (1940).

Considerações com base na entropia favorecem o n-butano (ao contrário da energia). Podemos obter ΔG^0 a 298 K usando a equação demonstrada na secção 4.2:

$$\Delta G^0 = \Delta H^0 - T\Delta S^0$$

$$\Delta G^0 = -6 \cdot 9 + 298 \times 15 \cdot 3 \times 10^{-3}$$

$$\Delta G^0 = -6 \cdot 9 + 4 \cdot 6$$

$$\Delta G^0 = -2 \cdot 3 \text{ kJ}.$$

Como a variação da energia livre é negativa a esta temperatura, sabemos que o isobutano predominará na mistura em equilíbrio.

Determinação da constante de equilíbrio

Este valor de ΔG^0 pode ser usado para calcular a constante de equilíbrio para a reacção de isomerização a 298 K:

$$\Delta G^0 = -RT \ln K_P \text{ (secção 4.11), ou } \ln K_P = -\frac{\Delta G^0}{RT}$$

$$\lg K_P = \frac{-\Delta G^0}{2 \cdot 3 RT} = \frac{2300}{2 \cdot 3 \times 8 \cdot 3 \times 298} = 0 \cdot 40;$$

e assim $K_p = 2.5$.

Para calcular a composição da mistura de equilíbrio a 298 K escrevemos

$$\text{n-C}_4\text{H}_{10} \rightleftharpoons \text{i-C}_4\text{H}_{10}$$
$$x_n \qquad x_i$$

onde x_n e x_i são as fracções molares do n-butano e do i-butano. Então

$$K_P = P_i/P_n = x_i/x_n = 2 \cdot 5 \quad \text{e} \quad x_n + x_i = 1.$$

Resolvendo estas equações temos $x_n = 0 \cdot 285$ e $x_i = 0 \cdot 715$. O facto de predominar o isobutano na mistura de equilíbrio tem sido verificado por observação directa do equilíbrio na presença de catalizador apropriado.

Hoje em dia, uma série de experiências como a delineada acima, raramente é necessária. Para a maioria das substâncias as propriedades termodinâmicas estão tabeladas, tal como no apêndice I. Por exemplo, no caso de butanos, bastaria procurar a variação da energia livre padrão de formação em tabelas. Encontraríamos

$$\Delta G_f^0(\text{n-}C_4H_{10}) = -15\cdot 7 \text{ kJ mol}^{-1} \text{ a 298 K}$$

e

$$\Delta G_f^0(\text{i-}C_4H_{10}) = -18\cdot 0 \text{ kJ mol}^{-1} \text{ a 298 K}.$$

Como

$$\Delta G^0 = \Delta G_f^0 \text{ (produtos)} - \Delta G_f^0 \text{ (reagentes)} \quad (\text{secção 5.5}),$$

$$\Delta G^0 = 2\cdot 3 \text{ kJ mol}^{-1}.$$

Consequentemente podíamos calcular a constante de equilíbrio K_p para a reacção de isomerização em alguns minutos.

5.9 Cálculo das quantidades termodinâmicas a temperaturas diferentes de 298 K

Se necessitarmos da constante de equilíbrio a temperatura diferente de 298 K podemos calculá-la rapidamente fazendo uso da Isocora de Van't Hoff (secção 4.12):

$$\frac{d \ln K_P}{dT} = \frac{\Delta H^0}{RT^2}.$$

Na sua forma integrada (pressupondo que ΔH^0 é independente da temperatura)

$$\ln K_P = -\frac{\Delta H^0}{RT} + \text{const, ou}$$

$$\ln \left(\frac{K_2}{K_1}\right) = -\frac{\Delta H^0}{R}\left(\frac{1}{T_2} - \frac{1}{T_1}\right),$$

retirando o subscrito P em K_p por conveniência e escrevendo K_1 e K_2 para a constante de equilíbrio a T_1 e T_2. Calculemos a constante de equilíbrio a 798 K sabendo que $K = 2\cdot 5$ e $\Delta H^0 = -6\cdot 9$ kJ a 298 K.

$$\lg\left(\frac{K_2}{2\cdot 5}\right) = -\frac{\Delta H^0}{2\cdot 3 \times 8\cdot 31}\left(\frac{1}{798} - \frac{1}{298}\right)$$

$$= +\frac{6900}{19\cdot 11} \times (1\cdot 25 - 3\cdot 35) \times 10^{-3} = -0\cdot 758 = \overline{1}\cdot 242.$$

Consequentemente $K_2 = 0\cdot 175 \times 2\cdot 5 = 0\cdot 44$.

A altas temperaturas o equilíbrio está deslocado na direcção do n-butano porquanto a entropia de reacção, desfavorável à formação de isobutano, torna-se relativamente mais importante à medida que a temperatura se eleva.

O pressuposto que ΔH^0 não é função da temperatura não é essencial ao cálculo. Um conhecimento da capacidade calorífica dos isómeros permitiria que a variação de ΔH^0 com a temperatura fosse tida em conta (ver secção 5.4).

PROBLEMAS

5.1 $4\cdot40 \times 10^{-4}$ kg de benzeno, quando queimado a 298 K num calorímetro de bomba de capacidade calorífica 10500 JK^{-1}, causa uma elevação de temperatura de 1·75 K. Calcule a variação de entalpia na combustão e a entalpia de formação de uma mole de benzeno a partir dos seus elementos. As entalpias de formação a 298 K de H_2O e CO_2 são -286 e $-393\cdot5$ kJ mol^{-1}. O peso molecular do benzeno é 78.

5.2 Usando as energias de ligação da tabela 5.1 estime o calor de formação padrão do n-butano a partir dos seus elementos nos seus estados padrão. A entalpia de vaporização da grafite é de -719 kJ mol^{-1}.

5.3 A 298 K a variação de entalpia na combustão de metanol é de -727 kJ mol^{-1} e a de grafite é de -394 kJ mol^{-1}. A de hidrogénio é 286 kJ mol^{-1}. Calcule a entalpia de formação padrão de metanol.

5.4 A capacidade calorífica da água líquida é de 75 JK^{-1} mol^{-1} enquanto a do vapor é de 35 JK^{-1} mol^{-1} a 373 K. A variação de entalpia na vaporização a 373 K é de $40\cdot3$ kJ mol^{-1}. Estime a variação de entalpia na vaporização a 423 K.

5.5 Calcule a entropia do mercúrio líquido no seu ponto de fusão de 234·1 K. A entropia padrão do mercúrio (a 298·2 K) é 77·4 JK^{-1} mol^{-1} e a sua capacidade calorífica é de 27·8 JK^{-1} mol^{-1}. (Pressuponha que a capacidade calorífica é constante no gama de temperaturas de 298·2 a 234·1 K).

5.6 Usando as tabelas termodinâmicas do apêndice I, calcule a pressão parcial de NO_2 em equilíbrio com N_2O_4 em (i) uma mistura a 1 atm e 298 K e (ii) uma mistura a 1 atm e 318 K.

6. Soluções ideais

6.1 A solução ideal

Um grande número de reacções químicas tem lugar em solução, e a aplicação da termodinâmica química às soluções constitui uma parte importante daquele assunto. Há soluções sólidas, líquidas e gasosas; neste capítulo preocupar-nos-emos principalmente com soluções líquidas, tais como misturas de dois líquidos ou a solução de um sólido num líquido. Frequentemente torna-se conveniente chamar à substância que predomina na solução o solvente, e ao componente menor o soluto. Em algumas soluções os componentes são miscíveis em todas as proporções: metanol e água, por exemplo, formam uma mistura homogénea quaisquer que sejam as quantidades relativas de metanol e água. Outros componentes apresentam uma solubilidade mútua limitada: por exemplo, somente uma certa quantidade de cloreto de sódio se dissolve em água, a uma dada temperatura. Por mais NaCl que se adicione a um copo de água, a concentração do sal não excederá o valor correspondente à solução saturada. Alguns pares de substâncias não-iónicas, tais como fenol e água, também mostram solubilidade mútua limitada.

O conceito de uma solução ideal é de grande valor em termodinâmica.

Para já, definimo-la como uma solução na qual a pressão de vapor total é dada pela Lei de Raoult,

$$P = x_1 P_1^* + x_2 P_2^*$$

onde x_1 é a fracção molar do componente 1 ($x_1 = n_1/n$) e P_1^* é a pressão de vapor do componente 1 puro. Há um comportamento aproximado a este em várias misturas nas quais as duas componentes são semelhantes. São exemplo, como ilustrado na Fig. 6.1, misturas de benzeno e tolueno.

Para cada componente podemos escrever

$$P_i = x_i P_i^*$$

onde P_i é a pressão parcial de i no vapor em equilíbrio com a

SOLUÇÕES IDEAIS

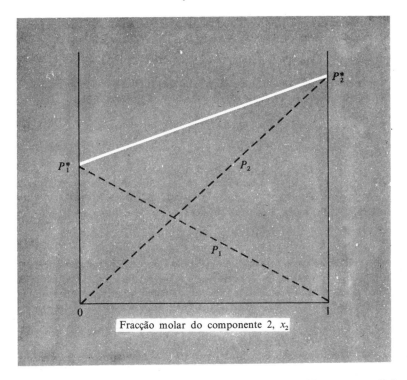

Fig. 6.1 Pressão de vapor em equilíbrio com uma mistura líquida que segue a Lei de Raoult. As linhas a tracejado são as pressões parciais dos componentes.

solução. Se o vapor seguir a lei dos gases perfeitos, o potencial químico do componente i pode ser expresso por

$$\mu_i(g) = \mu_i^0(g) + RT \ln P_i \quad \text{(secção 4.10)}.$$

No equilíbrio, o potencial químico de i na fase de vapor tem de ser igual ao potencial químico de i na solução. Por consequência

$$\mu_i(\text{soln}) = \mu_i^0(g) + RT \ln P_i$$

Mas como $P_i = x_i P_i^*$,

$$\mu_i(\text{soln}) = [\mu_i^0(g) + RT \ln P_i^*] + RT \ln x_i.$$

O termo dentro de parêntesis rectos é constante a qualquer temperatura e é de facto o potencial químico do líquido puro i, $\mu_i^*(l)$, pois que, para o líquido puro em equilíbrio com o seu vapor,

$$\mu_i^*(l) = \mu_i^0(g) + RT \ln P_i^* = \mu_i(g).$$

A equação

$$\boxed{\mu_i(\text{soln}) = \mu_i^*(l) + RT \ln x_i}$$

é válida para todos os componentes de uma solução ideal e fornece uma definição mais útil de comportamento ideal do que a baseada nas pressões de vapor.

Quando escrevemos, para um gás perfeito, a equação

$$\mu_i(g) = \mu_i^0(g) + RT \ln P_i$$

devemos notar que ela é verdadeira para um gás perfeito a todas as pressões. Incluímos a variação com a pressão do potencial químico. Tal não é verdade para a equação

$$\mu_i(\text{soln}) = \mu_i^0(l) + RT \ln x_i,$$

que só é verdadeira a 1 atm de pressão. Para outras pressões temos que incluir um termo responsável pelo facto de $\mu_i(l)$ ser uma função da pressão, e assim

$$\mu_i(\text{soln}) = \mu_i^0(l) + \left(\frac{\partial \mu_i^0}{\partial P}\right)_T \Delta P + RT \ln x_i.$$

Como

$$\left(\frac{\partial \mu_i^0}{\partial P}\right)_T = \left[\frac{\partial}{\partial P}\left(\frac{\partial G^0}{\partial n_i}\right)\right]_T = V_i^0 \quad (\text{secção } 4.10),$$

onde V_i^0 é o volume molar de i sob condição padrão, obtemos

$$\mu_i(\text{soln}) = \mu_i^0(l) + V_i^0(l) \Delta P + RT \ln x_i,$$

onde ΔP é o excesso de pressão no sistema (a pressão total menos a pressão atmosférica padrão). Como $\mu_i(\text{soln}) = \mu_i^* + RT \ln x_i$, o potencial químico no nosso estado padrão novo μ_i^* (a substância

SOLUÇÕES IDEAIS

pura a uma pressão arbitrária) está relacionada com μ_i^0 por

$$\mu_i^*(l) = \mu_i^0(l) + V_i^0(l)\,\Delta P$$

e μ_i^* é dependente da pressão. A maioria das experiências é feita a pressões próximas de 1 atm, e nestas condições $\mu^*(l) \approx \mu^0(l)$. Geralmente o termo PV é pequeno e, a menos que se trabalhe a muitas atmosferas de pressão, é geralmente seguro ignorá-lo (por exemplo quando a pressão de vapor de um líquido não for 1 atm). Para simplificar a notação para estados padrão quando aplicados a soluções continuaremos a usar os estados padrão definidos a 1 atm. Partiremos do princípio que a equação aproximada

$$\mu_i(\text{soln}) = \mu_i^0(l) + RT \ln x_i$$

é uma definição suficientemente rigorosa de uma solução ideal para a maioria dos casos. Nalguns casos onde se trabalha com pressões de muitas atmosferas ou onde se está precisamente a estudar os efeitos de pressão, será aplicada uma correcção PV apropriada a μ^0.

Soluções cujos componentes sigam a equação

$$\mu(\text{soln}) = \mu^0(l) + RT \ln x_i$$

em toda a gama de composição e a todas as temperaturas de interesse, chamaremos *soluções verdadeiramente ideais*. Mais tarde trataremos soluções cujos componentes só seguem a equação em condições restritas.

A base molecular para idealidade consiste em que as forças entre as moléculas de ambos os componentes da mistura sejam iguais. Tal como a condição para um gás perfeito é que não haja forças intermoleculares, assim uma solução ideal requer igualdade em todas as interacções entre moléculas iguais e desiguais. Quer o gás perfeito quer a solução ideal são limites para os quais se pode aproximar o comportamento dos sistemas reais.

6.2 Propriedades das soluções verdadeiramente ideais

Muito poucas misturas formam soluções verdadeiramente ideais nas quais ambos os componentes sigam a equação $\mu_i = \mu_i^0 + RT \ln x_i$

em toda a gama de composições e temperaturas. A energia livre total de uma solução verdadeiramente ideal é dada por

$$G = \sum_i \mu_i n_i$$

Esta equação resulta da integração da relação $dG = \Sigma \mu_i dn_i$ (secção 4.10). Para uma mole de solução $G = \Sigma \mu_i(n_i/n)$ onde $n = \Sigma n_i$ é o número total de moles da substância em solução, $n_i/n = x_i$ é a fracção molar do componente i, e $G = \Sigma \mu_i x_i$.

A variação da energia livre no processo de mistura, é a energia livre da solução menos a dos componentes isolados.

$$\Delta G_{mix} = \Sigma \mu_i x_i - \Sigma \mu_i^0 x_i,$$

e como

$$\mu_i = \mu_i^0 + RT \ln x_i,$$

$\Delta G_{mix} = RT \Sigma x_i \ln x_i$ (uma vez mais para uma mole de solução).

A entropia do processo de mistura pode ser calculada pela relação

$$\Delta S_{mix} = -\left(\frac{\partial \Delta G_{mix}}{\partial T}\right)_P \text{ (secção 4.4)}$$

dando $\Delta S_{mix} = -R \Sigma x_i \ln x_i$.

Ao valor da entropia do processo de mistura obtido usando esta equação, chama-se entropia de mistura. Corresponde a uma total mistura dos componentes e representa o comportamento limite, não somente de misturas líquidas mas também de misturas gasosas e soluções sólidas. É uma consequência natural das condições moleculares para idealidade atrás referidas: que as moléculas de todos os componentes têm de interaccionar de maneira idêntica. Se as moléculas se comportarem identicamente, então devemos prever que uma mistura de tais moléculas seja homogénea. A variação de entalpia no processo de mistura para formar uma solução ideal é dada por

$$\Delta H_{mix} = \Delta G_{mix} + T \Delta S_{mix} \text{ (secção 4.2)}$$
$$= RT \sum_i x_i \ln x_i - RT \sum_i x_i \ln x_i = 0.$$

SOLUÇÕES IDEAIS

Assim, não há calor absorvido ou emitido quando se misturam os componentes para formar uma solução ideal, o que, uma vez mais, é consequência do comportamento idêntico das moléculas que constituem uma solução ideal. A variação de volume na formação de uma solução ideal é também zero (secção 4.3), pois que

$$\Delta V_{mix} = \left(\frac{\partial \Delta G_{mix}}{\partial P}\right)_T = \left(\frac{\partial RT\Sigma x_i \ln x_i}{\partial P}\right)_T = 0.$$

Estas propriedades das soluções ideais formam uma base, da qual o comportamento das soluções reais se pode afastar numa extensão maior ou menor, dependendo da semelhança das moléculas componentes.

6.3 Mistura de líquidos

Consideremos uma mistura de dois líquidos A e B que formam uma solução ideal e para os quais as pressões de vapor de A e B seguem a Lei de Raoul. Um tal comportamento está ilustrado na Fig. 6.2 onde a linha superior a cheio representa a pressão de vapor da solução como função da sua composição. Consideremos agora a composição do vapor em equilíbrio com um líquido de composição x_B (l).

$$x_B(g) = \frac{P_B}{P} = \frac{x_B(l)P_B^*}{P}, \quad e \quad x_A(g) = \frac{P_A}{P} = \frac{x_A(l)P_A^*}{P},$$

onde P é a pressão total $(P = P_A + P_B)$. Destas equações obtemos a relação

$$\frac{x_A(g)}{x_B(g)} = \frac{x_A(l)}{x_B(l)} \cdot \frac{P_A^*}{P_B^*}.$$

que nos indica que o vapor é mais rico no componente volátil (B) que o líquido com o qual está em equilíbrio. Usando esta relação podemos agora construir outra curva, a linha inferior a cheio na Fig. 6.2, que nos indica a composição do vapor em equilíbrio com os líquidos de várias composições. É esta diferença na composição do líquido e do vapor que nos permite separar componentes de uma mistura, por destilação. Se levarmos à

SOLUÇÕES IDEAIS

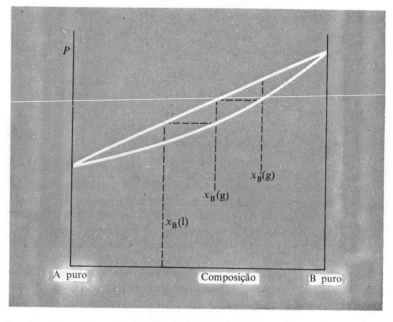

Fig. 6.2 Uma mistura de dois líquidos que seguem a Lei de Raoult. A pressão total de vapor da mistura está marcada função da composição do *líquido* (linha de cima) e do vapor (linha de baixo).

ebulição uma solução de composição x_B (l), a composição inicial do vapor será x_B (g), que é mais rico no componente B. Condensando e retirando o vapor, pode repetir-se o processo, e assim vai-se colectar um líquido mais rico no componente B, de composição x'_B (g). Quando se ferve o líquido original, e uma vez que passa a vapor relativamente mais quantidade do componente B, o líquido restante fica mais rico no componente A.

Podemos considerar uma destilação simples como equivalente a um degrau no nosso diagrama. Colunas de destilação complexas executam o equivalente a muitos degraus no diagrama e a sua eficiência é definida em termos do número destes degraus — chamado em gíria técnica o número de "pratos teóricos" da coluna. Quantos mais pratos tanto maior será a separação dos componentes da solução conseguida na coluna de destilação.

6.4 Soluções ideais de sólidos em líquidos

Consideremos um sólido a dissolver-se num líquido para formar uma solução ideal (Fig. 6.3). O soluto no seu estado sólido terá a energia mais baixa, mas o processo de dissolução é favorecido pelo que se ganha em entropia, porquanto o soluto torna-se disperso na solução. No equilíbrio o potencial químico do sólido tem de ser igual ao potencial químico da mesma substância na solução. Para uma solução ideal (secção 6.1).

$$\mu_2^0(s) = \mu_2^0(\text{soln}) = \mu_2^0(l) + RT \ln x_2.$$

(O subscrito 2 usa-se geralmente para assinalar o soluto, e o subscrito 1 para o solvente). Por conseguinte

$$RT \ln x_2 = \mu_2^0(s) - \mu_2^0(l) = -\Delta G_{2\text{fus}}^0$$

onde $\Delta G_{2\text{fus}}^0$ é a variação da energia livre na fusão. Da equação de Gibbs-Helmholtz (secção 4.4)

$$\left[\frac{\partial \left(\frac{\Delta G_2}{T}\right)}{\partial T}\right]_P = -\frac{\Delta H_2}{T^2}$$

$$\left(\frac{\partial \ln x_2}{\partial T}\right)_P = \frac{\Delta H_{\text{fus}}^0}{RT^2}.$$

ΔH_{fus}^0 é o calor de fusão do sólido. Eliminaremos o subscrito 2 de ΔH_{fus}^0). No ponto de fusão do sólido, T_{fus}, a solubilidade x_2 é igual à unidade, uma vez que dois líquidos que formam uma

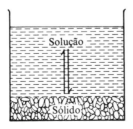

Fig. 6.3 Equilíbrio entre um soluto no estado sólido e em solução

solução ideal, são completamente miscíveis (misturam-se em todas as proporções para formar uma solução homogénea). Podemos integrar a equação acima:

$$\ln x_2 - \ln(1) = \int_{T_{fus}}^{T} \frac{\Delta H^0_{fus}}{RT^2} dT = -\left[\frac{\Delta H^0_{fus}}{RT}\right]_{T_{fus}}^{T}$$

ou

$$\ln x_2 = \frac{\Delta H^0_{fus}}{R}\left(\frac{1}{T_{fus}} - \frac{1}{T}\right).$$

A Fig. 6.4 mostra que a equação da solubilidade ideal para sólidos dá uma boa previsão da solubilidade do naftaleno em benzeno (círculos), mas não da sua solubilidade em ciclohexano (quadrados).

EXEMPLO

Do conhecimento do calor de fusão e do ponto de fusão de um soluto podemos calcular a sua solubilidade ideal. Assim, o naftaleno funde a 353·2 K e o seu calor de fusão é 19·0 kJ mol⁻¹. Podemos aplicar a equação de solubilidade ideal para estimar a sua solubilidade num líquido (qualquer líquido) a 298 K.

$$\ln x = \frac{\Delta H_{fus}}{R}\left(\frac{1}{T_{fus}} - \frac{1}{T}\right)$$

$$\lg x = \frac{19\,000}{2 \cdot 3 \times 8 \cdot 3}(0 \cdot 00283 - 0 \cdot 00336) = -0 \cdot 53$$

$$x = 0 \cdot 30.$$

Em benzeno a solubilidade do naftaleno observada corresponde à fracção molar 0·29. Contudo, a solubilidade de saturação deste soluto em hexano é dada por $x = 0 \cdot 12$ e em metanol por $x = 0 \cdot 025$. A relação da solubilidade ideal tem de ser usada com cautela ao fazer estimativas da solubilidade efectiva de sólidos em líquidos.

6.5 Soluções diluídas ideais

Embora poucas soluções sejam verdadeiramente ideais, muitas apresentam as características da idealidade quando diluídas.

SOLUÇÕES IDEAIS

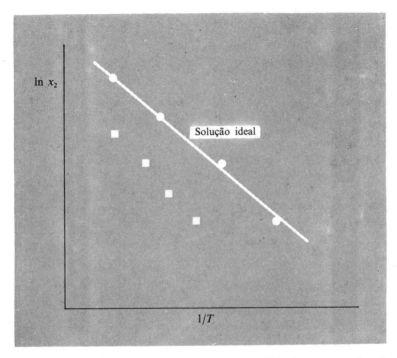

Fig. 6.4 O logaritmo da solubilidade de naftaleno sólido (expressa em fracção molar) como função do recíproco da temperatura. Círculos, ○, representam naftaleno em benzeno, quadrados □, representam naftaleno em ciclohexano (o desenho não está à escala). A curva é calculada usando a equação da solubilidade ideal.

A Fig. 6.5 mostra que numa solução diluída a pressão parcial do solvente segue a Lei de Raoult. Assim pode-se escrever para o solvente, a substância de concentração mais elevada,

$$\mu_i = \mu_i^0 + RT \ln x_i \quad \text{(secção 6.1)}.$$

Também observamos que quando o soluto segue a Lei de Raoult, a pressão parcial do soluto segue uma linha recta arbitrária que, no exemplo ilustrado, não é a linha da Lei de Raoult. Esta linha interceptará o eixo $x_2 = 1$ não em P_2^* mas noutro ponto arbitrário. Reservaremos para mais tarde a discussão do comportamento do soluto em tais soluções diluídas. Contudo, mesmo sem consi-

SOLUÇÕES IDEAIS

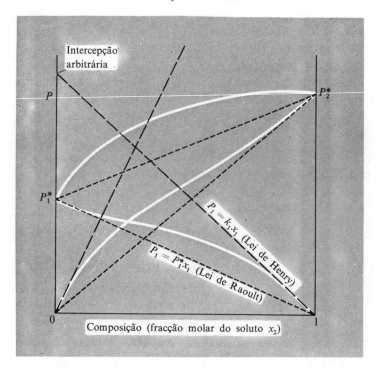

Fig. 6.5 Pressões de vapor dos componentes e pressão total de vapor de uma mistura que se desvia positivamente da Lei de Raoult (esquemático). Misturas de água-etanol desviam-se da Lei de Raoult desta maneira.

derarmos as propriedades do soluto, o simples facto de o soluto seguir a Lei de Raoult é de enorme valor para nós. Permite-nos tratar as chamadas propriedades coligativas das soluções de uma maneira muito directa.

6.6 Propriedades coligativas

As propriedades coligativas são as propriedades dos líquidos que dependem principalmente do número e não da natureza das moléculas do soluto presentes. O abaixamento da pressão de vapor dum líquido por um sólido não volátil é um bom exemplo de uma propriedade coligativa. Fundamentalmente, o abaixamento de pressão do vapor não depende da natureza do soluto, mas

SOLUÇÕES IDEAIS

somente do número de moles do soluto presente. Se a pressão de vapor do soluto seguir a Lei de Raoult, então $P_1 = P_1^* x_1$. O soluto só entra nesta equação na medida em que a sua fracção molar x_2 faz com que x_1, a fracção molar do solvente, seja menor que a unidade (pois que $x_1 + x_2 = 1$). Se o soluto não for volátil e não formar soluções sólidas com o solvente quando este último gelar, então a presença do soluto baixará o potencial químico do solvente na fase líquida do sistema, pois que $\mu_1(\text{soln}) = \mu_1^0(l) + RT \ln x_1$, mas não afectará a fase de vapor ou a sólida. Isto está ilustrado na Fig. 6.6. O resultado deste abaixamento do potencial químico da fase líquida é o abaixamento do ponto

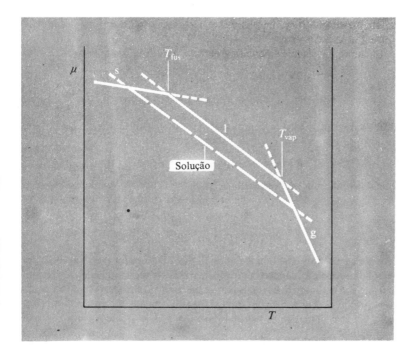

Fig. 6.6 Efeito sobre o potencial químico da adição de soluto a um solvente líquido como função da temperatura. Há depressão do ponto de congelamento e elevação do ponto de ebulição.

de congelação e elevação do ponto de ebulição do solvente, que são, tal como a depressão da pressão do vapor, propriedades coligativas.

6.7 Depressão do ponto de congelação

Se se dissolve um soluto num líquido, baixa-se, em geral, o ponto de congelação. A termodinâmica deste processo é muito simples, se o soluto se dissolve só na fase líquida do solvente e não forma soluções sólidas com ele. Então, a fase que se separa no processo de congelação é o solvente puro no seu estado sólido.

Igualando os potenciais químicos do *solvente* A em ambas as fases

$$A(s) \rightleftharpoons A(soln)$$

$$\mu_1^0(s) = \mu_1(soln) = \mu_1^0(l) + RT \ln x_1 \quad (secção\ 6.1).$$

Se se eliminar o subscrito 1 (usado para referir que é o solvente que está em equilíbrio) de tudo excepto da fracção molar x_1, então

$$RT \ln x_1 = -\{\mu_1^0(l) - \mu_1^0(s)\} = -\Delta G_{fus}^0;$$

e diferenciando relativamente a T, usando a relação de Gibbs-Helmholtz para a variação de $(\Delta G_{fus}^0 / T)$ com a temperatura (secção 4.4), obtemos

$$\left(\frac{\partial \ln x_1}{\partial T}\right)_P = \frac{\Delta H_{fus}^0}{RT^2}.$$

Verificamos que esta equação é semelhante à obtida para a solubilidade ideal de sólidos (secção 6.4); de facto as duas situações são termodinamicamente idênticas, mas a entalpia de fusão é a do soluto na equação de solubilidade ideal. No caso que está agora a ser examinado, o estado sólido é o solvente puro (Fig. 6.7). Como antes, podemos integrar desde $x_1 = 1$, $T = T_{fus}$ até $x_1 = x_1$, $T = T$ e obtemos

$$\ln x_1 = \frac{\Delta H_{fus}^0}{R}\left(\frac{1}{T_{fus}} - \frac{1}{T}\right)$$

SOLUÇÕES IDEAIS 103

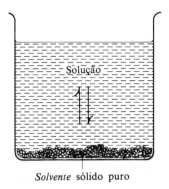

Solvente sólido puro

Fig. 6.7 Equilíbrio entre um solvente no estado sólido puro e em solução.

onde T_{fus} é o ponto de congelação do solvente puro e T o seu ponto de congelação na solução. Esta equação pode ser usada para determinar pesos moleculares de solutos. Adiciona-se uma dada massa de soluto a uma dada quantidade de solvente e regista-se o novo ponto de congelação. Pode calcular-se o lado direito da equação, se for conhecido o ΔH^0_{fus} para o solvente, e portanto pode determinar-se x_2.
Então

$$1 - x_1 = x_2 = \frac{n_2}{n_1 + n_2} = \frac{w_2/M_2}{w_1/M_1 + w_2/M_2},$$

onde w_1 e w_2 são os pesos de solvente e soluto na solução e M_1 e M_2 os seus pesos moleculares. Se w_1, w_2 e M_1, o peso molecular do solvente, forem conhecidos, então pode calcular-se o peso molecular do soluto M_2.

Esta equação é frequentemente usada numa forma simplificada. Vejamos as aproximações normalmente feitas:

$$\ln x_1 = \frac{\Delta H^0_{fus}}{R}\left(\frac{T - T_{fus}}{T_{fus} T}\right).$$

Como a depressão do ponto de congelação é normalmente pequena podemos escrever T^2_{fus} em vez de $T_{fus} \cdot T$. Pondo $\Delta T = T_{fus} - T$ obtemos

$$\ln x_1 = -\frac{\Delta H^0_{fus}}{R}\frac{\Delta T}{T^2_{fus}}.$$

Para uma solução diluída, x_1 está próximo da unidade, e assim $\ln x_1 = \ln(1 - x_2) \approx -x_2$, e consequentemente

$$x_2 = +\frac{\Delta H^0_{fus}}{R} \frac{\Delta T}{T^2_{fus}}.$$

Além disso, para uma solução diluída $n_1 \gg n_2$ e assim

$$x_2 = \frac{n_2}{(n_1+n_2)} \approx \frac{n_2}{n_1}.$$

A concentração é frequentemente expressa em termos de molalidade, m, o número de moles de soluto por kilograma de solvente; assim

$$x_2 = \frac{n_2}{n_1} = \frac{m}{1/M_1}$$

onde M_1 é o peso molecular do solvente expresso em kilogramas[1] (e. g. para a água $M_1 = 0{\cdot}018$). Assim $x_2 = mM_1$, e $\Delta T = K_{fus}\, m$, onde

$$K_{fus} = \frac{RT^2_{fus}M_1}{\Delta H^0_{fus}}.$$

Assim pode determinar-se a molalidade m da solução a partir da expressão do ponto de congelação. Se se conhecer o peso do soluto, w, dissolvido em 1 kg de solvente, pode calcular-se o peso molecular do soluto a partir da relação $M_2 = w/m$. Chama-se constante de depressão do ponto de congelação para o solvente a K_{fus}. Pode ser rapidamente calculada se forem conhecidas as necessárias propriedades do solvente (Tabela 6.1) e assim permitir que a equação do ponto de congelação seja usada numa forma conveniente.

6.8 Elevação do ponto de ebulição

A adição de líquidos não voláteis faz baixar a pressão de vapor de um solvente e requer uma temperatura mais alta antes da sua pressão de vapor atingir 1 atm. Assim haverá uma

---

[1] Rigorosamente isto é a *massa molecular*. Os pesos moleculares são definidos como razões e por consequência números sem dimensões.

SOLUÇÕES IDEAIS

Tabela 6.1
Propriedades de solventes comuns

Solvente	Ponto de ebulição T_{vap}/K	ΔH_{vap}/(kJ mol^{-1})	ΔH_{fus}/(kJ mol^{-1})	Ponto de fusão T_{fus}/K	K_{vap}/(K kg mol^{-1})	K_{fus}/(K kg mol^{-1})
Água (H$_2$O)	373·2	40·7	6·01	273·2	0·512	1·86
Benzeno (C$_6$H$_6$)	353·3	30·7	9·95	278·7	2·63	5·08
Etanol (C$_2$H$_5$OH)	351·7	38·6	4·8	155·9	1·22	2·00
Tetracloreto de carbono (CCl$_4$)	350·0	30·0	2·5	250·4	5·22	31·8
Ácido acético (CH$_3$CO$_2$H)	391·3	24·3	11·7	289·8	3·07	3·70

elevação do ponto de ebulição. Se considerarmos o equilíbrio

$$A(soln) \rightleftharpoons A(g)$$

teremos para o solvente

$$\mu_1(soln) = \mu_1^0(l) + RT \ln x_1 \quad (\text{secção } 6.1)$$

e

$$\mu_1(g) = \mu_1^0(g) + RT \ln P_1 \quad (\text{secção } 4.10).$$

Como o ponto de ebulição normal é o medido quando $P_1 = 1$ atm, então o segundo termo, $RT \ln P_1$, é zero. Igualando os potenciais químicos (eliminando o subscrito 1 para ΔG^0)

$$RT \ln x_1 = \Delta G_{vap}^0,$$

e diferenciando, fazendo uso da relação de Gibbs-Helmholtz (secção 4.4)

$$\left(\frac{\partial \ln x_1}{\partial T}\right)_P = -\frac{\Delta H_{vap}^0}{RT^2}.$$

Integrando entre os limites ajustados para o solvente puro, desde $x_1 = 1$ quando $T = T_{vap}$ até $x_1 = x_1$ quando $T = T$,

$$\int_1^{x_1} d\ln x_1 = \int_{T_{vap}}^T -\frac{\Delta H_{vap}^0}{RT^2} dT,$$

obtemos

$$-\ln x_1 = \frac{\Delta H_{vap}^0}{R}\left[\frac{1}{T_{vap}} - \frac{1}{T}\right].$$

Esta equação pode ser usada para determinar pesos moleculares exactamente da mesma maneira que a equação do ponto de congelação. Pode ser simplificada, tal como antes, para dar $\Delta T = K_{vap} m$, onde m é a molalidade, ΔT é a elevação do ponto de ebulição e K_{vap} é a constante ebulioscópica:

$$K_{vap} = \frac{RT_{vap}^2 M_1}{\Delta H_{vap}^0}.$$

Devemo-nos lembrar que adoptamos a convenção onde M_1, o peso molecular do solvente, é expresso em kilogramas.

Pesos moleculares em solução

Quando é desconhecido o estado da substância em solução, o "peso molecular efectivo", determinado a partir de propriedades coligativas, pode fornecer informação valiosa. Assim, o ácido acético $CH_3 \cdot CO_2H$ tem um peso molecular de 60. Mas em benzeno pode exibir um peso molecular aparente de quase 120, porque duas moléculas de ácido acético se podem facilmente associar para formar um dímero.

$$2CH_3 \cdot CO_2H \rightleftharpoons (CH_3 \cdot CO_2H)_2$$
$$\quad 1-\alpha \qquad\qquad \alpha/2$$

onde α é a função de ácido acético presente como dímero. Pode relacionar-se o peso molecular efectivo M_{obs} com α e com o peso molecular do monómero.

M_{obs} = (peso molecular dos dímeros) × (número relativo de moléculas do dímero) + (peso molecular do monómero) × × (número relativo de moléculas do monómero).

$$M_{obs} = 2M \frac{(\alpha/2)}{(1-\alpha/2)} + M \frac{(1-\alpha)}{(1-\alpha/2)},$$

$$\alpha = 2(M_{obs} - M)/M_{obs}$$

Assim o peso molecular observado pode ser usado para determinar o grau de associação.

De uma maneira semelhante, se uma substância se dissocia

$$A_2 \rightleftharpoons A+A$$
$$(1-\alpha) \quad \alpha \quad \alpha$$

pode calcular-se o grau de *dissociação* a partir do peso molecular observado

$$\alpha = \frac{M - M_{obs}}{M_{obs}}.$$

onde M é o peso molecular do dímero.

6.9 Pressão osmótica

Se uma solução estiver separada do solvente puro por uma membrana permeável somente às moléculas do solvente, verificar-se-á, no total, difusão das moléculas do solvente para a

SOLUÇÕES IDEAIS

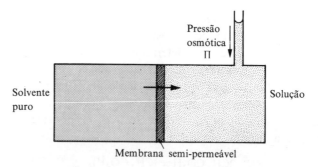

Fig. 6.8 Representação esquemática da pressão osmótica

solução, uma vez que há maior concentração destas no solvente puro que na solução. Pode contrabalançar-se este efeito e restaurar-se o equilíbrio aplicando pressão à solução, pressão essa que é conhecida por *pressão osmótica*, Π.
Consideremos o potencial químico de ambos os lados da membrana, como ilustrado na Fig. 6.8.

Lado esquerdo $\mu_1^L(\text{soln}) = \mu_1^0(l)$.

Lado direito $\mu_1^R(\text{soln}) = \mu_1^0(l) + RT \ln x_1 + \left(\dfrac{\partial \mu_1}{\partial P}\right)_T \Delta P$ (secção 6.1).

No equilíbrio $\mu_1^L = \mu_1^R$; por conseguinte $RT \ln x_1 = -\left(\dfrac{\partial \mu_1}{\partial P}\right)_T \Delta P$.

Como

$$\left(\dfrac{\partial \mu_1}{\partial P}\right)_T = \dfrac{\partial}{\partial n_1}\left(\dfrac{\partial G}{\partial P}\right)_T = V_1 \quad \text{(secção 4.10)},$$

onde V_1 é o volume molar do solvente ([1]), e no equilíbrio $\Delta P = \Pi$, a pressão osmótica, e assim $-\ln x_1 = V_1 \Pi / RT$. Pode simplificar-se esta equação se considerarmos somente soluções muito diluídas.

([1]) $\left(\dfrac{\partial \mu_i}{\partial P}\right)_T$ é rigorosamente o volume parcial molar de i na solução $\overline{V}_i$.
Para soluções ideais é equivalente ao volume molar (secção 4.10).

Substituindo x_1 por $(1 - x_2)$ e expandindo o logaritmo, obtemos $x_2 = \Pi V_1/RT$. Para soluções diluídas $x_2 \approx n_2/n_1$ e $V_1 = V/n_1$, onde V é o volume total da solução. Assim obtemos a relação aproximada

$$\Pi = (RT/V)n_2 .$$

Medidas da pressão osmótica têm sido usadas para determinar pesos moleculares, tal como no caso de outras propriedades coligativas.

6.10 Propriedades do soluto em soluções diluídas

Vimos que em soluções diluídas o solvente geralmente segue a Lei de Raoult enquanto o soluto não segue. Se olharmos para uma representação de uma solução diluída, como ilustrado na Fig. 6.9, podemos ver a razão de ser deste facto. As moléculas do solvente estão rodeadas de moléculas semelhantes, salvo

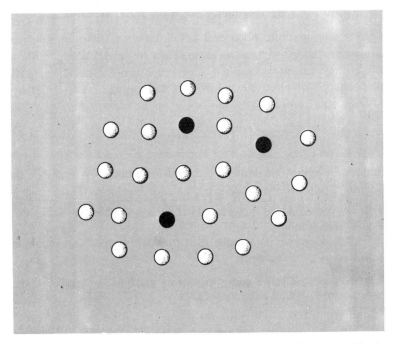

Fig. 6.9 Moléculas do solvente (círculos brancos O) e do soluto (círculos pretos ●) numa solução diluída (esquemático).

algumas excepções onde uma molécula da outra espécie aparece como vizinha. É evidente que à medida que aumenta a diluição, caminha-se para a situação limite de termos todas as moléculas do solvente rodeadas de moléculas da mesma espécie, como ocorre num líquido puro. Contudo, e à medida que a solução fica mais diluída, as moléculas do *soluto* tendem para um limite que consiste em estarem rodeadas por moléculas do solvente, o que, evidentemente, não está relacionado com o estado característico do *soluto* líquido puro. Assim, o comportamento do soluto não tende para o do soluto líquido puro e não segue a Lei de Raoult. A sua pressão parcial de vapor pode ser uma função linear da fracção molar em soluções diluídas, mas a constante de proporcionalidade não é a pressão de vapor do soluto puro P^*, mas simplesmente uma constante arbitrária, $P^\ominus$; assim (veja a Fig. 6.5)

$$P_1 = x_1 P_1^* \text{ (solvente)}, \quad \text{e} \quad P_2 = x_2 P^\ominus \text{ (soluto)}.$$

Diz-se que um soluto obedece à Lei de Henry se tiver uma pressão parcial de vapor proporcional à sua fracção molar. Pode tomar-se a Lei de Raoult como um caso especial da Lei de Henry. O potencial químico de um soluto que segue a Lei de Henry é dado pela expressão

$$\boxed{\mu_i = \mu_i^\ominus + RT \ln x_i}$$

onde $\mu_i^\ominus$ é uma constante arbitrária, o potencial químico de um líquido hipotético cuja pressão de vapor seja $P^\ominus$. Esta equação tem interesse mesmo que não possamos determinar $\mu_i^\ominus$ independentemente (como podemos determinar μ_i^0).

Consideremos um soluto distribuído por duas fases líquidas imiscíveis α e β. Teremos

$$\mu(\alpha) = \mu^\ominus(\alpha) + RT \ln x(\alpha)$$

e

$$\mu(\beta) = \mu^\ominus(\beta) + RT \ln x(\beta)$$

Como $\mu^\ominus(\alpha)$ e $\mu^\ominus(\beta)$ são constantes a qualquer temperatura e como $\mu(\alpha) = \mu(\beta)$ no equilíbrio

$$\frac{x(\alpha)}{x(\beta)} = \text{constante}$$

Assim, se o soluto seguir a Lei de Henry em ambas as fases, a razão da sua concentração em cada fase será constante. Este resultado é frequentemente conhecido como a *Lei da Distribuição de Nernst*.

6.11 Solubilidade de sólidos

Já calculámos a solubilidade ideal para um sólido que segue a Lei de Raoult em solução e para o qual podemos escrever

$$\mu_2(\text{soln}) = \mu_2^0(l) + RT \ln x_2 \quad (\text{secção } 6.1)$$

onde $\mu_2^0(l)$ é o potencial químico que o sólido teria se estivesse no estado líquido à temperatura da experiência! Isto não é tão ridículo como parece e pode-se calcular $\mu_2^0(l)$ para muitos sólidos sem grande dificuldade. Contudo a maior parte dos sólidos em solução não seguem a Lei de Raoult, embora em soluções diluídas adiram à Lei de Henry. Podemos escrever para tais solutos

$$\mu_2(\text{soln}) = \mu_2^{\ominus}(l) + RT \ln x_2 \quad (\text{secção } 6.10),$$

e igualando com o potencial químico do sólido puro, para soluções saturadas obtemos

$$RT \ln x_2 = \mu^0(s) - \mu^{\ominus}(l) = -\Delta G_{\text{mix}}.$$

Aplicando a equação de Gibbs-Helmholtz (secção 4.4), tal como antes, obtemos

$$\left(\frac{\partial \ln x_2}{\partial T}\right)_P = \frac{\Delta H_{\text{mix}}}{RT^2}, \quad \text{e} \quad \ln x_2 = \frac{\Delta H_{\text{mix}}}{R}\left(\frac{1}{T_{\text{fus}}} - \frac{1}{T}\right).$$

Esta equação tem a mesma forma que a obtida para solubilidade ideal, mas ΔH^0_{fus} foi substituída pela entalpia da solução ΔH_{mix}. Em soluções não ideais de sólidos em líquidos que não seguem a mesma Lei de Henry nem a de Raoult, ΔH_{mix} é a *entalpia diferencial da solução* do soluto na solução saturada. Para soluções não ideais, tanto ΔG_{mix} como ΔH_{mix} são semelhantes à energia livre da reacção que introduzimos quando estudámos o equilíbrio em reacções químicas. São todas quantidades diferenciais: ΔH_{mix} é a variação de entalpia quando se junta uma mole de soluto a um volume infinito de solução quase saturada, $\left(\dfrac{\partial H}{\partial n_2}\right)_{n_1}$. Se seguíssemos a prática anterior, escreveríamos $\Delta H'_{mix}$ e $\Delta G'_{mix}$. É importante distinguir a entalpia diferencial da solução da entalpia total ou integral da solução. Esta última é a variação total da entalpia que ocorreria se fosse adicionada uma mole de soluto à quantidade apropriada de solvente para fazer uma solução saturada. A distinção pode ser mais que meramente académica em soluções que não se comportem idealmente. Assim, quando se dissolve NaOH em água, é libertado calor e o calor integral da solução é negativo. Contudo, o facto da solubilidade do NaOH em água aumentar com a temperatura, diz-nos que $\Delta H'_{mix}$ é positivo.

PROBLEMAS

6.1 A uma dada temperatura, as pressões de vapor de dois líquidos que são completamente miscíveis e formam uma solução ideal, são 0·2 atm e 0·5 atm respectivamente. Estime as fracções molares quer na fase vapor quer no líquido em equilíbrio, quando a pressão total de vapor da solução for 0·35 atm.

6.2 A pressão de vapor do éter, $(C_2H_5)_2O$, é 445 mmHg a 293 K. A da solução de $12\cdot 2 \times 10^{-3}$ kg de ácido benzóico, $C_6H_5 \cdot CO_2H$, em 0·100 kg de éter é 413 mmHg. Calcule o peso molecular do ácido benzóico em éter.

6.3 Uma solução de 5×10^{-3} kg de acetona, $(CH_3)_2CO$, em 1.000 kg de ácido acético glacial, $CH_3 \cdot CO_2H$ congelou a uma temperatura de 0·32 K abaixo do ponto de congelação do solvente puro. Calcule a constante crioscópica K_{fus} para o ácido acético.

6.4 0·01 kg de naftaleno, $C_{10}H_8$, em 1.000 kg de benzeno, C_6H_6, faz baixar o ponto de congelação do benzeno puro, 278·8 K, de 0·42 K. Calcule a entalpia de fusão de uma mole de benzeno.

6.5 Uma solução de $1\cdot 8 \times 10^{-3}$ kg de uma substância de elevado peso molecular em 1·00 kg de tolueno, $C_6H_5 \cdot CH_3$, tem uma pressão osmótica de 4·0 mm de tolueno (densidade 860 kg m^{-3}). Estime o peso molecular da substância.

6.6 O fenantreno tem uma entalpia de fusão de 18·6 kJ mol^{-1} e funde a 373 K. Calcule a sua solubilidade ideal num líquido a 298 K expressa como fracção molar.

7. Soluções não ideais

7.1 O conceito de actividade

Para muitas soluções reais, a equação $\mu_i = \mu_i^0(l) + RT \ln x_i$ (secção 6.1) não se verifica quando aplicada ao solvente e a expressão que corresponde à Lei de Henry (secção 6.10), $\mu_i = \mu_i^\ominus(l) + RT \ln x_i$ também falha quando aplicada ao soluto. Em tais circunstâncias, torna-se conveniente introduzir o conceito de *actividade*. Podemos escrever

$$\mu_i = \mu_i^0 + RT \ln a_i.$$

Esta equação define a actividade a_i do componente i em termos do seu potencial químico na solução e no estado padrão. Esta actividade pode ser tida como a *concentração efectiva* do componente i em termos do seu potencial químico na solução e no estado padrão. (Só se pode definir actividade na medida em que o estado padrão a que se refere esteja também especificado). Numa solução real, a concentração efectiva pode diferir apreciavelmente da verdadeira concentração como resultado das interacções entre as moléculas. A extensão desta diferença é medida pelo *coeficiente de actividade* γ_i.

$$\gamma_i = \frac{a_i}{x_i} = \frac{\text{Concentração efectiva}}{\text{Concentração real}}.$$

Podemos ilustrar isto considerando uma mistura líquida real.

A Fig. 7.1 mostra a pressão de vapor de uma solução na qual as pressões de vapor dos componentes se desviam negativamente da Lei de Raoult (as suas pressões de vapor são menores que o previsto pela lei). Escrevendo as equações para o potencial químico de um componente, quer em solução quer na fase de vapor,

$$\mu_i(g) = \mu_i^0(g) + RT \ln P_i \quad \text{(secção 4.10)},$$
$$\mu_i(\text{soln}) = \mu_i^0(l) + RT \ln a_i.$$

SOLUÇÕES NÃO IDEAIS

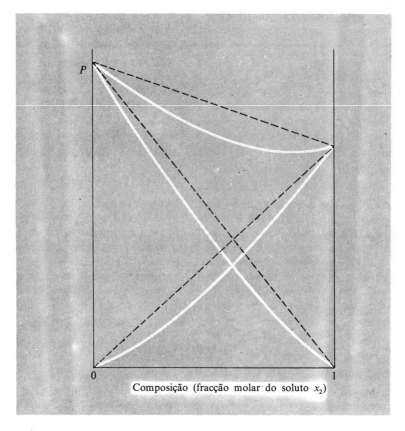

Fig. 7.1 Pressão total do vapor e pressões de vapor dos componentes numa mistura líquida que se desvia negativamente da Lei de Raoult.

Então

$$\mu_i^0(l) = \mu_i^0(g) + RT \ln P_i^* \quad \text{(secção 6.1)},$$

pois o líquido puro i tem de estar em equilíbrio com o seu vapor à pressão de vapor saturado. Assim obtém-se, e uma vez que $\mu_i(g) = \mu_i(l)$,

$$a_i = P_i / P_i^*.$$

O resultado é consistente com a nossa definição de actividade como concentração efectiva. No exemplo que considerámos

$P_i < P_i(\text{ideal})$. A concentração de i na fase de vapor é menor do que o que seria esperado para uma solução de tal concentração, na base de comportamento ideal, e $a_i < x_i$. A concentração efectiva é menor que a concentração real e o coeficiente de actividade γ_i ($= a_i/x_i$) é menor que um. (Numa solução ideal $a_i = x_i$ e $\gamma_i = 1$). Podemos pensar que este resultado, $\gamma_i < 1$, indica que o componente sob investigação sente um ambiente mais "congenial" na solução do que numa solução ideal nas mesmas condições. Assim, apresenta menor tendência para se escapar para a fase vapor.

Anteriormente considerámos um sistema no qual os componentes se desviavam positivamente da Lei de Raoult e tinham pressões de vapor maiores do que o previsto pela lei. Em tais soluções $a_i > x_i$ e $\gamma_i > 1$. Trata-se do comportamento mais comum para a maior parte das misturas líquidas nas quais os componentes não interaccionam especificamente (tal como na formação da ligação hidrogénio). Os componentes apresentam maior tendência para escapar para a fase vapor do que na solução ideal correspondente. Em casos extremos o "desagrado" dos componentes entre si pode provocar a separação da solução em duas fases, a temperaturas suficientemente baixas. O sistema fenol-água desvia-se positiva e fortemente da Lei de Raoult e separa-se em duas fases, tal como está ilustrado na Fig. 7.2.

7.2 Actividade de sólidos em líquidos

Quando olhámos para a solubilidade do naftaleno em vários solventes (secção 6.4) vimos que em benzeno a solubilidade real era próxima do valor verdadeiramente ideal, como previsto com base na Lei de Raoult, mas tanto em benzeno como em álcool metílico era consideravelmente mais baixa. O potencial químico do soluto sólido (e por consequência a sua actividade no estado sólido) é a mesma em todos os casos; a actividade do naftaleno em solução também tem de ser idêntica, uma vez que no equilíbrio

$$\mu(s) = \mu(\text{soln}) = \mu^0(l) + RT \ln a.$$

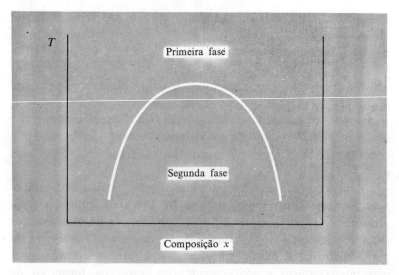

Fig. 7.2 Miscibilidade parcial de misturas fenol-água como função da temperatura (esquemático).

Contudo, as concentrações são diferentes e por conseguinte os coeficiente de actividade têm de variar. No caso ideal

$$\mu(\text{soln}) = \mu^0(l) + RT \ln x_{id};$$

e assim $a = x_{id}$ e $\gamma = 1$. Para soluções que se desviam da idealidade $\gamma = a/x = x_{id}/x$.

Assim para o hexano $\gamma = 0\cdot30/0\cdot12 = 2\cdot5$. O coeficiente de actividade maior que a unidade indica que é necessária uma quantidade mais pequena de naftaleno em solução para atingir o potencial químico do naftaleno sólido do que no caso da solução ser verdadeiramente ideal. Podíamos dizer que como o naftaleno "não gosta de estar em solução", a sua tendência para permanecer no estado sólido é maior.

Poderíamos ter tratado o problema doutra maneira. Se definíssemos a actividade do soluto naftaleno usando o estado padrão $\mu_i^\ominus$ baseada na Lei de Henry (secção 6.10), obteríamos

$$\mu_i = \mu_i^\ominus + RT \ln a_i,$$

onde a_i não teria o mesmo valor que o baseado no estado padrão do líquido puro o qual tem um potencial químico μ_i^0. Ao contrário de μ_i^0, $\mu_i^\ominus$ seria diferente de sistema para sistema de tal maneira que seria obtido um valor diferente de $\mu_i^\ominus$ para o naftaleno em diferentes solventes. O uso deste estado padrão será discutido na próxima secção.

Como o naftaleno em hexano segue a Lei de Henry (mas não a Lei de Raoult) a actividade definida nesta base seria aproximadamente a unidade uma vez que a equação $\mu_i = \mu_i^\ominus + RT \ln x_i$ é válida para este sistema. Usar-se o estado padrão baseado no líquido puro ou na Lei de Henry em qualquer cálculo termodinâmico, é puramente de acordo com a conveniência. Não há nenhuma objecção termodinâmica fundamental ao uso de *qualquer* estado padrão. Nos problemas particulares que estamos a considerar, é frequentemente útil ter actividade igual à unidade e assim podermos aplicar ao sistema a equação $\mu_i = \mu_i^\ominus + RT \ln x_i$. Por outro lado, se desejarmos quantificar o comportamento variável do naftaleno em diferentes solventes, os coeficientes de actividade baseados no estado padrão do líquido puro dão-nos uma medida conveniente.

7.3 Actividade nas soluções aquosas

Muitas experiências químicas são executadas em soluções aquosas e é importante sermos capazes de definir a actividade em tais circunstâncias. Contudo, o estado padrão que usámos até aqui — o líquido puro a uma atmosfera padrão — é notoriamente inapropriado. Normalmente desejamos exprimir as concentrações em molalidades (moles por quilograma de solvente) e para um electrólito, tal como o cloreto de sódio, o estado de líquido puro à temperatura ambiente não é um estado de referência apropriado.

Se o soluto seguir a Lei de Henry (secção 6.10), $\mu_i = \mu_i^\ominus + RT \ln x_i$. É geralmente o que se observa quando a solução está muito diluída e podemos, como vimos na secção anterior, definir uma actividade tal que

$$\mu_i = \mu_i^\ominus + RT \ln a_i = \mu_i^\ominus + RT \ln x_i \gamma_i,$$

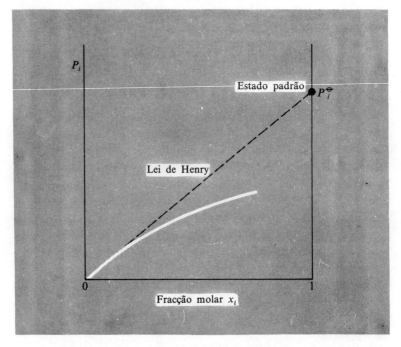

Fig. 7.3 Definição de um estado padrão para um soluto baseado na Lei de Henry.

e nestas circunstâncias $a_i \to x_i$ à medida que $x_i \to 0$. Referindo as propriedades do soluto ao seu comportamento a diluição infinita obtemos, claramente, um estado de referência mais razoável. O estado de referência é, de facto, uma solução para a qual o termo de concentração x_i é a unidade e cujas propriedades são as de uma solução infinitamente diluída, para a qual $\gamma_i = 1$. Este conceito é mais difícil de apreender do que de usar! Ilustramos o estado padrão no diagrama da Fig. 7.3. É um líquido puro ($x_i = 1$) com uma pressão de vapor $P_i^\ominus$ e um potencial químico $\mu_i^\ominus$. Para uma solução de electrólitos procede-se semelhantemente mas usa-se molalidade unitária para a concentração que define o estado padrão.

Assim

$$\mu_i = \mu_i^\ominus + RT \ln a_i = \mu_i^\ominus + RT \ln \gamma_i m_i.$$

Então, $\mu_i^\ominus$ é o potencial químico de um ião numa solução (hipotética) de molalidade unitária comportando-se como uma solução a diluição infinita (onde $\gamma_i = 1$) ([1]).

Esta equação, que estaria correcta para cada um dos iões na solução de electrólitos, tem de ser modificada quando aplicamos o conceito de actividade a um electrólito como um todo. O cloreto de sódio está totalmente dissociado (NaCl → Na$^+$ + Cl$^-$) em solução aquosa, mas só podemos determinar a actividade total, a_{NaCl}, pois, não temos maneira de determinar a_{Na^+} ou a_{Cl^-} independentemente. Como se espera que cada um dos iões siga a Lei de Henry independentemente, o potencial químico total pode ser dado por

$$\mu_{total} = \mu_{Na^+}^\ominus + \mu_{Cl^-}^\ominus + RT\ln a_{Na^+} + RT\ln a_{Cl^-}.$$

Se definirmos a actividade total pela equação

$$\mu_{total} = \mu_{Na^+}^\ominus + \mu_{Cl^-}^\ominus + RT\ln a_{NaCl},$$

podemos ver, por comparação destas equações, que

$$a_{NaCl} = a_{Na^+} \cdot a_{Cl^-}$$

e

$$a_{NaCl} = \gamma_{Na^+} m_{Na^+} \cdot \gamma_{Cl^-} m_{Cl^-}.$$

Sendo $m_{Na^+} = m_{Cl^-} = m$ a molalidade da solução. Em soluções diluídas, onde $\gamma \to 1$, a_{NaCl} será directamente proporcional a m^2, o que está ilustrado na Fig. 7.4.
Quando o electrólito é mais complexo, a definição da actividade total tem de ser devidamente modificada, e assim:

$$M_pA_q \to pM^+ + qA^-, \quad a_{M_pA_q} = (a_{M^+})^p \cdot (a_{A^-})^q.$$

Lembremo-nos que tanto γ_i como a_i são diferentes dos valores baseados no estado padrão do líquido puro. O estado de referência mudou e a_i e γ_i são definidos relativamente a esse estado. Rigorosamente, a fim de definir as diferentes actividades a_i, deveríamos escrever as três equações

$$\mu_i = \mu_i^0(x_i = 1) + RT\ln a_i,$$

$$\mu_i = \mu_i^\ominus(x_i = 1) + RT\ln a_i,$$

([1]) Quando $m_i = 1$ e $\gamma_i = 1$, $\mu_i = \mu_i^\ominus$.

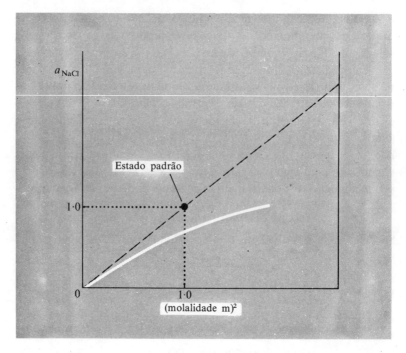

Fig. 7.4 Definição do estado padrão para um electrólito 1:1 baseado na Lei de Henry

e

$$\mu_i = \mu_i^{\ominus}(m_i = 1) + RT \ln a_i.$$

Nos exemplos que se seguem usaremos sempre a definição de actividade baseada na molalidade unitária como estado padrão.

7.4 Equilíbrios químicos em solução

Considerámos anteriormente equilíbrios entre gases perfeitos nos quais o potencial químico de cada componente seguia a equação derivada na secção 4.10:

$$\mu_i(g) = \mu_i^0(g) + RT \ln P_i.$$

Em soluções podemos escrever para o potencial químico $\mu_i = \mu_i^{\ominus} + RT \ln a_i$ (secção 7.2), onde o estado padrão é o de molalidade unitária que se comporta como se estivesse a diluição infinita. Consideremos o equilíbrio simplificado

$$A \rightleftharpoons B$$
$$m_A \quad m_B$$

$$\mu_A = \mu_A^\ominus + RT \ln a_A = \mu_A^\ominus + RT \ln \gamma_A m_A,$$

$$\mu_B = \mu_B^\ominus + RT \ln a_B = \mu_B^\ominus + RT \ln \gamma_B m_B.$$

No equilíbrio $\mu_A = \mu_B$, e $\Delta G^\ominus = \mu_B^\ominus - \mu_A^\ominus = -RT \ln a_A/a_B = -RT \ln K_a$.

$\Delta G^\ominus$ é a variação da energia livre quando uma mole de A, a molalidade unitária, é transformada numa mole de B à mesma concentração, comportando-se as mesmas soluções como se estivessem a diluição infinita. Por outras palavras, a variação da energia livre para uma mole de reacção com ambos os reagentes nos seus estados padrão é $\Delta G^\ominus = -RT \ln K_a . K_a$; a constante de equilíbrio expressa em termos de actividade é *exactamente* constante para uma dada temperatura e pressão, quaisquer que sejam. Como $a_i = \gamma_i m_i$

$$K_a = \frac{\gamma_B m_B}{\gamma_A m_A} = \frac{\gamma_B}{\gamma_A} K_m$$

onde K_m é a constante de equilíbrio expressa em termos de molalidades. *Não* é uma constante exacta e é igual a K_a somente quando $\gamma_A = \gamma_B = 1$, isto é quando tanto reagentes como produtos seguem a Lei de Henry. Uma vez mais deve recordar-se que $\Delta G^\ominus$ e K_a, como a_i e γ_i, dependem da escolha do estado padrão.

Para as soluções, tal como para gases, pode-se calcular a dependência de K_a da temperatura usando a Isocora de Van't Hoff (secção 4.12),

$$\left[\frac{\partial \ln K_a}{\partial T}\right]_P = \frac{\Delta H^\ominus}{RT^2}.$$

$\Delta H^\ominus$ é a diferença de entalpia entre os produtos e os reagentes nos seus estados padrão para uma mole de reacção. Para sistemas que não estejam em equilíbrio, a variação na energia livre para uma mole de reacção permanecendo constantes todas as concentrações, é, como anteriormente,

$$\Delta G' = \Delta G^\ominus + RT \ln a_B/a_A.$$

$\Delta G'$, quantidade conhecida por energia livre da reacção, é $\left(\dfrac{\partial G}{\partial \xi}\right)_{T,P}$ onde ξ é a extensão da reacção (secção 4.11).

7.5 Pilhas electroquímicas

Não se exigiu dos sistemas que estudámos até aqui que fizessem trabalho e só fizeram trabalho de expansão contra a pressão atmosférica. Nestas condições, a posição de equilíbrio é definida pela equação demonstrada na secção 4.2

$$dG = 0 \quad (T, P \text{ const.}).$$

Contudo, a pilha electroquímica é um sistema importante no qual é executado trabalho além do trabalho PV. Nesta situação $dG = dw_{\text{adicional}}$ é a condição de equilíbrio apropriada. Quando o circuito exterior duma pilha deste tipo está aberto, os eléctrodos têm potenciais eléctricos diferentes, que provêm da tendência manifestada pela matéria constituinte dos eléctrodos de cederem electrões, passando à solução na forma de iões (ou vice-versa). Quando se liga o circuito externo, observam-se reacções químicas que levam à remoção dos electrões de um dos eléctrodos transferindo-os para o outro. Se se permite que passe corrente eléctrica num circuito exterior que una os dois eléctrodos, poder-se-á obter trabalho.

A Fig. 7.5 representa uma pilha simples. Um dos eléctrodos é constituído por zinco rodeado de uma solução de um sal de zinco; o outro é constituído por cobre imerso numa solução de um sal de cobre. As soluções podem ser ligadas de modo que os iões possam passar de um comportimento para o outro, mas arranja-se a ligação, uma "ponte salina", de maneira a evitar que as soluções se misturem demasiado rapidamente. Nesta pilha, os iões de zinco terão tendência a ceder electrões fazendo o eléctrodo de zinco negativo. Por outro lado, os iões de cobre

SOLUÇÕES NÃO IDEAIS

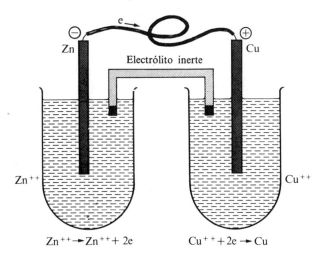

Fig. 7.5 Uma pilha electroquímica simples.

em solução tendem a adquirir electrões sendo depositados como cobre metálico. A reacção total é

$$Zn + Cu^{++} \rightarrow Cu + Zn^{++}$$

No circuito *externo* os electrões fluem do eléctrodo negativo de zinco para o positivo de cobre.

O trabalho máximo feito por tal pilha é igual ao produto da carga que passa no circuito pela respectiva diferença de potencial. O trabalho feito na pilha é

$$w = -EQ \quad \text{(ver secção 2.1)},$$

onde E é a força electromotriz da pilha e Q a carga. Para uma mole de reacção

$$Q = zLe$$

onde L é o Número de Avogadro, $-e$ a carga do electrão, e z o número de moles de electrões transferido por mole de reacção.

Chama-se Faraday e representa-se por F ao produto Le, que é a grandeza da carga total de uma mole de electrões. Assim

$$w = -zFE.$$

Para a reacção que considerámos, são transferidos dois electrões do zinco para o cobre, para uma mole de reacção, e assim $z = 2$.

Se a pilha estiver a trabalhar em condições de reversibilidade (isto é, a corrente passa com uma velocidade infinitamente pequena ([1]) podemos considerar o sistema como estando em equilíbrio, e desse modo

$$dG = dw_{\text{adicional}} \quad (T, P \text{ const}) \quad (\text{secção } 4.2).$$

Para uma mole da reacção da pilha a temperatura e pressão constantes, podemos escrever

$$\boxed{\Delta G' = -zFE}$$

onde $\Delta G'$ é a energia livre da reacção. Se a reacção se desenvolvesse numa extensão já significativa, as concentrações dos electrólitos alterar-se-iam. Tal como anteriormente, $\Delta G'$ é exclusivamente o termo diferencial $\left(\dfrac{\partial G}{\partial \xi}\right)_{T,P}$ onde ξ é a extensão da reacção. Ver secção 4.11.

Como podemos escrever para uma reacção simplificada de pilha

$$A \rightleftharpoons B$$

$$\Delta G' = \Delta G^{\ominus} + RT \ln(a_B/a_A),$$

e assim

$$-zFE = -zFE^{\ominus} + RT \ln(a_B/a_A),$$

ou

$$E = E^{\ominus} - (RT/zF) \ln(a_B/a_A).$$

([1]) Para tal tem de se aplicar uma f. e. m. externa para equilibrar a f. e. m. da pilha.

SOLUÇÕES NÃO IDEAIS

Para uma reacção de pilha mais geral

$$aA + bB \rightleftharpoons nN + mM$$

obteríamos

$$E = E^{\ominus} - (RT/zF) \ln (a_N^n a_M^m / a_A^a a_B^b).$$

É esta a *equação de Nernst* que relaciona a f. e. m. E de uma pilha com $E^{\ominus}$, a f. e. m. da pilha quando todos os reagentes e produtos se encontram no seu estado padrão. Chama-se *f. e. m. padrão* da pilha ao valor $E^{\ominus}$.

Se a composição das soluções de electrólitos for tal que a reacção da pilha esteja no ponto de equilíbrio, não haverá corrente eléctrica e a f. e. m. da pilha será zero. Então

$$E = 0 \quad \text{e} \quad \boxed{E^{\ominus} = \frac{RT}{zF} \ln K_a},$$

onde K_a é a constante de equilíbrio da reacção da pilha. As alterações em outras quantidades termodinâmicas podem ser obtidas a partir da equação $\Delta G' = -zFE$.

Como

$$-\Delta S' = \left[\frac{\partial(\Delta G')}{\partial T}\right]_P \quad \text{(secção 4.4)}$$

$$\Delta S' = \left(\frac{\partial E}{\partial T}\right)_P zF,$$

e

$$\Delta H' = \Delta G' + T \Delta S' = -zFE + \left(\frac{\partial E}{\partial T}\right)_P zFT.$$

As linhas indicam que $\Delta H'$ e $\Delta S'$ se referem a uma mole de reacção efectuada estando as substâncias participantes na reacção da pilha mantidas a uma dada concentração. $\Delta H'$ é igual ao calor absorvido a pressão constante $(q)_p$ somente se não for feito nenhum trabalho além do trabalho PV. Numa pilha electroquímica há produção de trabalho e o calor da reacção *não é* $\Delta H'$.

Podemos calcular $(q)_p$ a partir da relação $\Delta S' = q_{rev}/T$ que dá o calor de absorção reversível como $(q)_p = T\Delta S'$.

A pilha electroquímica fornece uma maneira poderosa de determinar constantes de equilíbrio e as alterações nas propriedades termodinâmicas que acompanham as reacções em solução ([1]).

7.6 Potenciais normais de eléctrodo

Se pudessemos medir a tendência para absorver ou libertar electrões de cada metade possível duma pilha electroquímica (cada eléctrodo e a solução na qual está imerso), então podíamos calcular a f. e. m. de uma pilha feita por dois desses eléctrodos. Mas nós não podemos medir esta tendência numa base absoluta: contudo basta medi-la relativamente a algum eléctrodo de referência.

O padrão escolhido é o *eléctrodo normal* de hidrogénio ao qual é atribuído o valor $E^\ominus = 0$. É feito colocando hidrogénio gasoso a 1 atm em contacto com uma solução dos seus iões a uma unidade de actividade à superfície de um eléctrodo de platina.

Para determinar o *potencial normal do eléctrodo* de um eléctrodo M, monta-se uma pilha como ilustrado na Fig. 7.6. Coloca-se o eléctrodo numa solução dos seus iões a uma unidade de actividade (estado padrão, baseado na definição de molalidade unitária) e liga-se a um eléctrodo de hidrogénio normal. Ao potencial do eléctrodo M relativamente à platina do eléctrodo de hidrogénio chama-se potencial normal de eléctrodo de M. (Se o eléctrodo M for positivo com respeito ao de hidrogénio, então o potencial de eléctrodo de M é positivo, e vice-versa). Se o metal da pilha for zinco, obteremos

$$E^\ominus(Zn^{++}, Zn) = -0.76 \text{ V}.$$

([1]) Os conhecimentos basilares de electroquímica podem estudar-se por J. Robbins, *Ions in solution* (2): *an introduction to electrochemistry* (OCS2) e a maneira como as propriedades electroquímicas afectam as propriedades inorgânicas dos iões está descrito em G. Pass, *Ions in solution* (3): *inorganic properties* (OCS7).

SOLUÇÕES NÃO IDEAIS

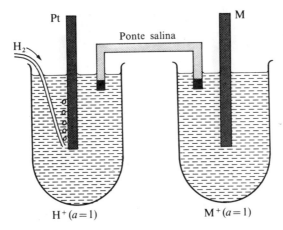

Fig. 7.6 Pilha electroquímica com um eléctrodo de hidrogénio montado para determinar o *potencial normal de eléctrodo* do elemento M.

Para cobre

$$E^\ominus(Cu^{++}, Cu) = +0\cdot 34 \text{ V}.$$

Como o eléctrodo de zinco tende a dissolver-se formando iões de zinco, o eléctrodo tende a ficar negativo, e na realidade retira electrões da solução:

$$Zn \rightarrow Zn^{++} + 2e^-.$$

Por outro lado, o eléctrodo de cobre tende a perder electrões, tornando-se positivo. Neste eléctrodo a reacção tem de ser

$$Cu^{++} + 2e^- \rightarrow Cu.$$

A f. e. m. de uma pilha de zinco e cobre como ilustrado na Fig. 7.7 pode ser calculada a partir do conhecimento dos potenciais normais de eléctrodo destes elementos. A f. e. m. padrão da pilha é a diferença entre os potenciais normais de eléctrodo:

$$E^\ominus = E^\ominus_{r.h.s.} - E^\ominus_{l.h.s.} = 0\cdot 34 - (-0\cdot 76) = +1\cdot 10 \text{V}.$$

Convencionalmente registamos as f. e. m. das pilhas como diferenças de potencial entre o eléctrodo da direita e o da esquerda.

SOLUÇÕES NÃO IDEAIS

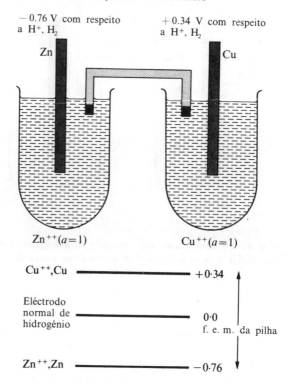

Fig. 7.7 Determinação da f. e. m. padrão duma pilha a partir dos *potenciais normais de eléctrodo* das semi-pilhas componentes.

Assim se tivessemos invertido a pilha, de maneira que o Zn ficasse à direita, o sinal de $E^\ominus$ seria invertido.

O potencial normal de um eléctrodo é a medida da sua tendência para ganhar electrões. Se $E^\ominus$ for positivo, o eléctrodo tenderá a ganhar electrões. Ambas as tendências são medidas relativamente ao hidrogénio. Os metais alcalinos têm os potenciais de eléctrodo mais negativos enquanto os eléctrodos de halogénio são os mais positivos:

$$E^\ominus(Cl_2, Cl^-) = +1\cdot 36 \text{ V}.$$

Tabela 7.1

Potenciais normais de eléctrodo

Eléctrodo	Processo	$E^{\ominus}/V$
Li^+, Li	$Li^+ + e \rightleftharpoons Li$	-3.045
K^+, K	$K^+ + e \rightleftharpoons K$	-2.925
Na^+, Na	$Na^+ + e \rightleftharpoons Na$	-2.714
Mg^{++}, Mg	$Mg^{++} + 2e \rightleftharpoons Mg$	-2.37
Zn^{++}, Zn	$Zn^{++} + 2e \rightleftharpoons Zn$	-0.763
Fe^{++}, Fe	$Fe^{++} + 2e \rightleftharpoons Fe$	-0.44
Sn^{++}, Sn	$Sn^{++} + 2e \rightleftharpoons Sn$	-0.136
Pb^{++}, Pb	$Pb^{++} + 2e \rightleftharpoons Pb$	-0.126
Fe^{3+}, Fe	$Fe^{3+} + 3e \rightleftharpoons Fe$	-0.036
H^+, H_2	$2H^+ + 2e \rightleftharpoons H_2$	[0]
Sn^{4+}, Sn^{++}	$Sn^{4+} + 2e \rightleftharpoons Sn^{++}$	0.15
Cu^{++}, Cu^+	$Cu^{++} + e \rightleftharpoons Cu^+$	0.153
Cu^{++}, Cu	$Cu^{++} + 2e \rightleftharpoons Cu$	0.34
I_2/I	$I_2 + 2e \rightleftharpoons 2I$	0.536
Fe^{3+}, Fe^{2+}	$Fe^{3+} + e \rightleftharpoons Fe^{2+}$	0.771
Ag^+, Ag	$Ag^+ + e \rightleftharpoons Ag$	0.799
Hg^{++}, Hg	$Hg^{++} + 2e \rightleftharpoons Hg$	0.854
Br_2, Br^-	$Br_2 + 2e \rightleftharpoons 2Br^-$	1.0652
O_2, OH^-	$O_2 + 4H^+ + 4e \rightleftharpoons 2H_2O$	1.229
Cl_2, Cl^-	$Cl_2 + 2e \rightleftharpoons 2Cl^-$	1.3595

Podemos olhar para isto de um ponto de vista termodinâmico. Consideremos um processo de eléctrodo $M^+ + e \to M$. Se $E^{\ominus}$ para este eléctrodo for negativo, então como $\Delta G = -zFE$, a variação da energia livre será positiva. Assim, a variação de energia livre para a reacção inversa ($M \to M^+ + e$) será negativa e a reacção da pilha proceder-se-á nesta direcção: tal é consistente com o facto que o eléctrodo ficar negativo com respeito ao eléctrodo de hidrogénio.

Os potenciais normais de eléctrodo podem bem ser chamados potenciais normais de redução, porquanto medem a tendência do material do eléctrodo para ser reduzida ganhando electrões. Naturalmente determinam muitas das propriedades duma substância. Por causa do zinco ter um potencial normal de eléctrodo mais negativo que o do cobre, o elemento zinco tende a reduzir os sais de cobre:

$$Zn + Cu^{++} \to Zn^{++} + Cu.$$

Por outras palavras, o zinco podia ser usado para precipitar cobre metálico de uma solução de sulfato de cobre. Os elementos com potencial normal de eléctrodo negativo são, de maneira semelhante, capazes de deslocar o hidrogénio dos ácidos:

$$Zn + 2HCl \rightarrow H_2 + ZnCl_2$$

(a menos que fiquem passivos como o alumínio).

Podemos aplicar a equação de Nernst([1]) a uma semipilha; por exemplo, um metal em contacto com uma solução contendo os seus iões

$$E = E^{\ominus} + (RT/zF) \ln(a_O/a_R),$$

onde a_O e a_R são as actividades dos estados oxidado e reduzido. No caso de metais tais como o Zn e Cu, um dos estados é simplesmente o material do eléctrodo. Mas não é necessário que assim seja. Se uma solução contendo quer iões Fe^{++} quer iões Fe^{+++} for posta em contacto com um eléctrodo inerte de platina, estabelece-se uma f. e. m. devido à reacção

$$Fe^{3+} + e \rightleftharpoons Fe^{2+}.$$

A equação de Nernst pode ser aplicada a este eléctrodo (relativamente ao eléctrodo normal de hidrogénio) como anteriormente:

$$E = E^{\ominus} + RT \ln(a_{Fe^{3+}}/a_{Fe^{2+}}).$$

Neste caso verifica-se que $E^{\ominus} = +0.77$ volts.

PROBLEMAS

7.1 As pressões de vapor do n-propanol e da água a 298 K são 21·8 e 23·8 mmHg respectivamente. Numa solução na qual a fracção molar de água é 0·20, as pressões parciais são 17·8 e 13·4 mmHg respectivamente. Calcule as actividades e os coeficientes de actividade dos dois componentes nesta solução.

7.2 O potencial normal de eléctrodo do zinco, $E^{\ominus}(Zn^{++}, Zn)$, é -0.76 V, e o do cobre, $E^{\ominus}(Cu^{++}, Cu)$, é $+0.34$ V. Faça uma estimativa da constante de equilíbrio a 298 K para a reacção $Cu^{++} + Zn \rightleftharpoons Cu + Zn^{++}$.

([1]) Ver p. 102, e J. Robbins, (1972), p. 57.

SOLUÇÕES NÃO IDEAIS 131

7.3 A 298 K o potencial normal de eléctrodo da prata, $E^\ominus(Ag^+, Ag)$, é 0.80 V e o potencial normal do eléctrodo da pilha $Pt(H_2)|HCl|AgCl|Ag$ é 0.22 V. Calcule o produto de solubilidade do AgCl a esta temperatura. (A reacção de eléctrodo no eléctrodo AgCl, Ag é $AgCl(s) + e \to Ag + Cl^-$).

7.4 Uma pilha electroquímica na qual ocorre a reacção

$$Zn(s) + 2AgCl(s) \to ZnCl_2(aq) + 2Ag(s)$$

tem uma f. e. m. padrão de 1.055 V a 298 K e 1.015 V a 273 K. Estime as variações na energia livre de Gibbs e na entalpia que acompanham uma mole de reacção a 298 K.

8. Termodinâmica dos gases

Seguindo-se o caminho mais directo dos princípios da termodinâmica para a compreensão do equilíbrio em sistemas químicos, ultrapassámos muitas relações termodinâmicas úteis que envolvem as propriedades de gases perfeitos e imperfeitos. Estas encontram-se resumidas neste capítulo.

8.1 Expansão de um gás perfeito

Calculámos na secção 3.5 as variações das propriedades termodinâmicas que acompanham a expansão isotérmica de um gás perfeito. Como $\left(\frac{\partial U}{\partial V}\right)_T = 0$ e $dU = \left(\frac{\partial U}{\partial T}\right)_V dT + \left(\frac{\partial U}{\partial V}\right)_T dV$ teremos para uma expansão isotérmica $dU = 0$ e $đq = -đw = +P\,dV$; por conseguinte

$$q = -w = \int_{V_1}^{V_2} P\,dV = nRT\ln(V_2/V_1) = nRT\ln(P_1/P_2).$$

Podemos também expandir um gás adiabaticamente de tal maneira que não haja trocas de calor com o exterior durante a expansão. A temperatura do gás não permanecerá constante durante tal expansão adiabática. Agora

$$đw = -P\,dV \quad \text{(secção 2.1)}$$

e

$$dU = C_V\,dT \quad \text{(secção 2.8)}.$$

Assim também

$$đq = 0, \quad dU - đw = 0$$

e teremos

$$C_V\,dT + P\,dV = 0.$$

Dividindo por T e fazendo $P = RT/L$, para uma mole de gás perfeito teremos

$$C_V\frac{dT}{T} + R\frac{dV}{V} = 0.$$

TERMODINÂMICA DOS GASES

Se o gás estiver num estado inicial T_1, V_1 e expandir para um estado final T_2, V_2 podemos integrar esta equação para obter

$$C_V \ln(T_2/T_1) + R \ln(V_2/V_1) = 0.$$

Como para uma mole de gás

$$C_P - C_V = R \quad \text{(secção 2.8)}$$

$$C_V \ln T_2/T_1 + (C_P - C_V) \ln V_2/V_1 = 0$$

e

$$\left(\frac{T_1}{T_2}\right) = \left(\frac{V_2}{V_1}\right)^{(C_P/C_V - 1)}$$

Para um gás perfeito os estados inicial e final têm de satisfazer à equação de estado de gás perfeito

$$\frac{T_1}{T_2} = \frac{P_1 V_1}{P_2 V_2}$$

e

$$P_1 V_1^{C_P/C_V} = P_2 V_2^{C_P/C_V} = \text{constante}.$$

Calcula-se a variação de energia interna para uma expansão adiabática de uma mole de gás de V_1 a V_2, usando a expressão derivada na secção 2.7;

$$\Delta U = C_V(T_2 - T_1).$$

As temperaturas inicial e final estão relacionadas com os volumes pela equação acima indicada.

8.2 Expansão irreversível

Se o gás se expande isotérmica e repentinamente de V_1 para V_2, faz menos que o trabalho reversível. Claro que se a pressão for repentinamente reduzida para a pressão correspondente ao estado final V_2, tal como ilustrado na Fig. 8.1, teremos para uma mole de gás $w = -\int_{V_1}^{V_2} P \, dV = P_2(V_2 - V_1)$, e não $w = -RT \ln V_2/V_1$ como seria obtido para a correspondente expansão isotérmica reversível. ΔU para este processo tem de ser zero pois não há

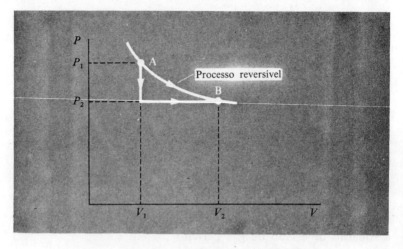

Fig. 8.1 Expansão reversível e irreversível dum gás.

variação de temperatura e $q = -w = P_2(V_2 - V_1)$. Se se executar adiabaticamente uma expansão tal que $q = 0$, então

$$\Delta U = w = C_V(T_2 - T_1).$$

Também, como $w = -P_2(V_2 - V_1)$ (para uma expansão isotérmica irreversível)

$$C_V(T_2 - T_1) = -P_2\left(\frac{RT_2}{P_2} - \frac{RT_1}{P_1}\right)$$

Estas equações têm de ser resolvidas para T_2 se forem definidas P_1 e P_2 (ou V_1 e V_2) e T_1. Então ΔU pode ser calculado.

8.3 Equação de estado dos gases

A variação de energia interna de um gás que só faz trabalho contra a pressão atmosférica é $dU = T\,dS - P\,dV$ (secção 3.4). Podemos escrever esta equação na forma

$$\frac{dU}{dV} = T\left(\frac{dS}{dV}\right) - P.$$

TERMODINÂMICA DOS GASES

Para variação a temperatura constante, podemos escrever a equação duma maneira mais restrita

$$\left(\frac{\partial U}{\partial V}\right)_T = T\left(\frac{\partial S}{\partial V}\right)_T - P.$$

Recordando que $dA = dU - T\,dS - S\,dT$ (secção 4.1) e $dU = T\,dS - P\,dV$, obtemos $dA = -S\,dT - P\,dV$. Podemos ver que

$$\left(\frac{\partial A}{\partial T}\right)_V = -S \quad \text{e} \quad \left(\frac{\partial A}{\partial V}\right)_T = -P.$$

Como não importa a ordem de diferenciação duma função de estado

$$\frac{\partial}{\partial V}\left(\frac{\partial A}{\partial T}\right)_V = -\left(\frac{\partial S}{\partial V}\right)_T \quad \text{e} \quad \frac{\partial}{\partial T}\left(\frac{\partial A}{\partial V}\right)_T = -\left(\frac{\partial P}{\partial T}\right)_V,$$

isto é

$$\boxed{\left(\frac{\partial S}{\partial V}\right)_T = \left(\frac{\partial P}{\partial T}\right)_V}.$$

Esta relação é uma das de um conjunto conhecido por *relações de Maxwell* cuja utilidade não está limitada ao problema em questão: são valiosas numa série de campos. Usando esta relação obtemos

$$\left(\frac{\partial U}{\partial V}\right)_T = T\left(\frac{\partial P}{\partial T}\right)_V - P,$$

uma equação que relaciona a variação da energia com o volume para a equação de estado, isto é, as relações P, V e T do gás (ou do líquido ou sólido).

Para uma mole de gás perfeito $PV = RT$ (secção 1.5) e

$$\left(\frac{\partial P}{\partial T}\right)_V = \frac{R}{V}.$$

Por conseguinte

$$\left(\frac{\partial U}{\partial V}\right)_T = \frac{RT}{V} - P = P - P = 0.$$

Para um gás perfeito $\left(\dfrac{\partial U}{\partial V}\right)_T = 0$: a variação da energia interna é independente do volume. Já anteriormente subentendíamos que tal assim era; de facto a nossa definição de gás perfeito incluía esta condição. Agora mostrámos ser uma consequência da equação de estado do gás perfeito. Argumentos muito semelhantes mostram que para um gás perfeito $\left(\dfrac{\partial H}{\partial P}\right)_T = 0$.

8.4 A experiência de Joule-Thomson

Em 1843 Joule mostrou, dentro dos limites de erro da sua aparelhagem, que a expansão de gás para o vazio como ilustrado na Fig. 8.2, não era acompanhada de variações de temperatura. Como nesta experiência đ$w = 0$, e uma vez que ele observava que đq era efectivamente zero

$$dU = đq + đw = 0 \quad (\text{secção } 2.5)$$

e

$$\left(\dfrac{\partial U}{\partial V}\right)_T = 0.$$

Medidas mais cuidadosas mostrariam que para gases reais $\left(\dfrac{\partial U}{\partial V}\right)_T$ não era exactamente zero.

Uma maneira superior de investigar estes efeitos foi arquitectada por Joule e Thomson. Na sua aparelhagem, ilustrada

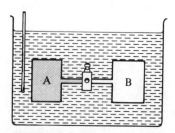

Fig. 8.2 A experiência de Joule.

na Fig. 8.3, gás fluía a uma velocidade constante através da parede porosa. O sistema estava isolado tal que $đq = 0$. O trabalho feito ao forçar o gás através da parede, pode ser calculado pressupondo que na parede está comprimido a um volume negligível, δ. O trabalho total feito é então o trabalho de compressão menos o trabalho recuperado quando se expande do outro lado.

$$w = P_1(V_1 - \delta) - P_2(V_2 - \delta)$$

$$w = P_1 V_1 - P_2 V_2 \text{ à medida que } \delta \to 0$$

Se o gás em ambos os lados da parede seguisse a equação de gás perfeito então w seria zero. Como $\Delta U = q + w$ e $q = 0$ (secção 2.5)

$$\Delta U = U_2 - U_1 = P_1 V_1 - P_2 V_2 .$$

Por conseguinte

$$U_2 + P_2 V_2 = U_1 + P_1 V_1 ,$$

e da secção 2.7

$$\Delta H = H_2 - H_1 = U_2 + P_2 V_2 - U_1 - P_1 V_1 ,$$

ou

$$\Delta H = 0 .$$

Assim a experiência de Joule-Thomson processa-se a entalpia constante. Define-se o coeficiente de Joule-Thomson como $\left(\dfrac{\partial T}{\partial P}\right)_H$

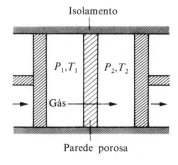

Fig. 8.3. A experiência de Joule-Thomson (esquemático).

e determina-se pela variação de temperatura do gás para uma queda de pressão determinada através da parede porosa. O grau em que $\left(\dfrac{\partial T}{\partial P}\right)_H$ difere de zero fornece uma indicação da energia oriunda das interacções entre as moléculas de um gás. As moléculas de um gás perfeito não interaccionam e como vimos acima, para um tal gás $\left(\dfrac{\partial T}{\partial P}\right)_H$ é zero tal como é $\left(\dfrac{\partial U}{\partial V}\right)_T$. A maior parte dos gases comuns arrefecem ao passar de altas pressões para baixas pressões numa aparelhagem de Joule-Thomson, o que tem sido usado como método de liquefacção de gases.

8.5 Gases imperfeitos: fugacidade

Até aqui pressuposemos que os gases que temos estudado eram perfeitos, o que é uma aproximação muito boa. Para vapor de água um pouco acima do seu ponto de ebulição os erros introduzidos em PV a 1 atm seriam somente 1.5%. Para azoto a 298 K e 10 atm de pressão, o volume calculado pressupondo o comportamento de gás perfeito estaria errado por menos que 0.5%. Um gás perfeito seguirá a equação

$$\mu = \mu^0 + RT \ln P \quad \text{(secção 4.10)}.$$

Podemos definir uma função termodinâmica nova, a fugacidade f, tal que para gases reais

e
$$\boxed{\mu = \mu^0 + RT \ln f}$$

$$f = \exp\left\{\dfrac{(\mu - \mu_0)}{RT}\right\}.$$

Podemos considerar f como a "pressão efectiva" tal como as actividades são introduzidas como concentrações efectivas. Como todos os gases tendem para o comportamento perfeito à medida que $P \to 0$, f tenderá para P à medida que a pressão diminua. O estado padrão é rigorosamente o estado de gás perfeito a uma atmosfera de pressão, onde $P = 1$ e $f = 1$, como ilustrado na

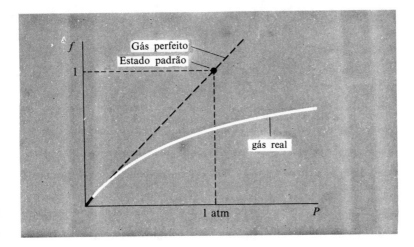

Fig. 8.4 Definição do estado padrão de unidade de fugacidade para um gás imperfeito.

Fig. 8.4. Para efeitos práticos, e uma vez que muitos gases são praticamente ideais a 1 atm, não se introduz grande erro se o estado padrão for caracterizado pelas propriedades do gás real a 1 atm de pressão.

Recordando os cálculos sobre equilíbrios de gases feitos anteriormente, teremos para gases imperfeitos

$$A(g) \rightleftharpoons B(g)$$

$$\mu_A = \mu_A^0 + RT \ln f_A, \quad \mu_B = \mu_B^0 + RT \ln f_B,$$

$$\Delta G' = \Delta G^0 + RT \ln (f_B/f_A).$$

$$K_f = (f_B/f_A)_{equil}$$

é a definição rigorosa de constante de equilíbrio para reacções gasosas, e

$$\Delta G^0 = -RT \ln K_f.$$

8.6 Cálculo das fugacidades

Como para uma mole de gás puro $\mu = \mu^0 + RT \ln f$ e μ^0 é independente da pressão, teremos para um gás imperfeito

$$\left(\frac{\partial \mu}{\partial P}\right)_T = V = RT\left(\frac{\partial \ln f}{\partial P}\right)_T,$$

onde V é o volume de uma mole de gás. Se a equação de estado de gás for conhecida, a fugacidade pode ser determinada directamente usando

$$\left[\frac{\partial \ln(f/P)}{\partial P}\right]_T = \left[\frac{\partial \ln f}{\partial P}\right]_T - \left[\frac{\partial \ln P}{\partial P}\right]_T = \frac{V}{RT} - \frac{1}{P}$$

Esta equação pode ser integrada desde uma pressão baixa, onde a fugacidade é igual à pressão, até uma pressão alta P, dando

$$\ln \frac{f}{P} = \int_0^P \left(\frac{V}{RT} - \frac{1}{P}\right) dP.$$

Para gases que só se desviam moderadamente do comportamento de gás perfeito, pode usar-se uma relação aproximada mais conveniente:

$$\frac{f}{P} = \frac{P}{P_0}$$

onde P_0 é a pressão que um gás perfeito teria ao mesmo volume. As fugacidades calculadas usando esta pressão para o azoto a 273 K são comparadas com os valores exactos na tabela 8.1.

Tabela 8.1
Fugacidade do Azoto a 273 K

Pressão/atm	f/P	P/P_0
1	0·99955	0·99955
10	0·9956	0·9957
100	0·9703	0·9851
1000	1·839	2·070

TERMODINÂMICA DOS GASES

PROBLEMAS

8.1 Calcule o volume final e o trabalho feito quando 5×10^{-3} m³ de gás perfeito (monoatómico) a 273 K é expandido reversivelmente de 10 atm a 1 atm de pressão (a) isotermicamente e (b) adiabaticamente. Qual é a temperatura final após a expansão adiabática?

8.2 Calcule a temperatura final e o trabalho feito se 5×10^{-3} m³ de gás perfeito (monoatómico) a 273 K e a 10 atm de pressão for expandido rapidamente (irreversível e adiabaticamente) contra uma pressão externa de 1 atm.

8.3 O metano a 20 atm de pressão e 223 K tem um volume molar de $8 \cdot 3 \times 10^{-34}$ m³. Estime a fugacidade do metano nestas condições.

Respostas dos problemas

2.1. 0·11 K
2.2. 152 s
2.3. 0·1 J
2.4. 3 kJ
2.5. 76 J K^{-1}

3.1. 9·4 J K^{-1}
3.2. 28·7 J K^{-1}
3.3. 109 J K^{-1}
3.4. 0·33

4.1. 3·5 K
4.2. 57·7 kJ mol^{-1}, 122·6 J K^{-1} mol^{-1}, 12·0 kJ mol^{-1}
4.3. 58·8 kJ por mole de dímero
4.4. 143 kJ
4.5. −12·6 kJ

5.1. 3257 kJ mol^{-1} (após conversão de ΔU em ΔH), 42 kJ
5.2. −136 kJ mol^{-1}
5.3. −239 kJ mol^{-1}
5.4. 38·3 kJ mol^{-1}
5.5. 70·7 J K^{-1} mol^{-1}
5.6. 0·28 atm, 0·50 atm

6.1. 0·51, 0·49, 0·30, 0·70
6.2. 116, ou 124 usando fórmulas aproximadas
6.3. 3.8
6.4. 9·8 kJ
6.5. 114·000
6.6. 0·22

7.1. 0·82, 0·52, 1·0, 2·8
7.2. 10^{38}
7.3. 2×10^{-10}
7.4. −194 kJ, −217 kJ

8.1. (a) 100×10^{-3} m^3, −11·6 kJ
     (b) 40×10^{-3} m^3, −4·6 kJ, 109 K
8.2. 175 K, −2·7 kJ
8.3. 17·9 atm

Apêndice I

Dados termodinâmicos a 298·15 K

As quantidades termodinâmicas abaixo indicadas referem-se a 1 mole de substância no seu estado padrão, isto é, 1 atm de pressão. As entalpias e energias livres de formação das substâncias são as variações dessas propriedades termodinâmicas quando é formada uma substância no seu estado padrão a partir dos seus elementos nos seus estados padrão. O estado padrão dum elemento é o estado físico normal a 1 atm e 298·15 K para os valores dados nesta tabela. As entalpias indicadas são "absolutas" no sentido em que são baseadas no pressuposto que a entropia duma substância pura é Zero no Zero absoluto de temperatura.

Substância	ΔH_f^0 kJ mole^{-1}	ΔG_f^0 kJ mole^{-1}	S^0 JK^{-1} mole^{-1}	C_p^0 JK^{-1} mole^{-1}
Ag(s)	0·00	0·00	42·701	25·48
AgBr(s)	−99·49	−95·939	107·1	52·38
AgCl(s)	−127·03	−109·72	96·10	50·79
AgI(s)	−62·38	−66·31	114·	54·43
Al(s)	0·00	0·00	28·32	24·33
Al$_2$O$_3$(s)	−1669·7	−1576·4	50·986	78·99
Ar(g)	0·00	0·00	154·7	20·786
Br(g)	111·7	82·38	174·912	20·786
Br$_2$(g)	30·7	3·1421	248·48	35·9
Br$_2$(l)	0·00	0·00	152·	
C(g)	718·384	672·975	157·992	20·837
C(diamante)	1·8961	2·8660	2·4388	60·62
C(grafite)	0·00	0·00	5·6940	86·44
CCl$_4$(g)	−106·	−64·0	309·4	392·9
CH$_4$(g)	−74·847	−50·793	186·1	35·71
CO(g)	−110·523	−137·268	197·90	29·14
CO$_2$(g)	−393·512	−394·383	213·63	37·12
C$_2$H$_2$(g)	226·747	209·20	200·81	43·927
C$_2$H$_4$(g)	52·283	68·123	219·4	43·55
C$_2$H$_6$(g)	−84·667	−32·88	229·4	52·655
C$_3$H$_8$(g)	−103·8			
n-C$_4$H$_{10}$(g)	−124·7	−15·710	309·9	
i-C$_4$H$_{10}$(g)	−131·6	−17·980	294·6	
CH$_3$OH(l)	−283·6	−166·3	126·7	81·6
CCl$_4$(l)	−139·5	−68·74	214·4	131·8
CS$_2$(l)	+87·9	+63·6	151·0	75·5
C$_2$H$_5$OH(l)	−227·63	−174·8	161·0	111·5
CH$_3$CO$_2$H(l)				

Dados termodinâmicos a 298·15 K (cont.)

Substância	ΔH_f^0 kJ mole⁻¹	ΔG_f^0 kJ mole⁻¹	S^0 JK⁻¹ mole⁻¹	C_p^0 JK⁻¹ mole⁻¹
C₆H₆(l)	49·028	172·8	124·50	
Ca(s)	0·00	0·00	41·6	26·2
CaCO₃(calcite)	−1206·8	−1128·7	92·8	81·88
CaCO₃(aragonite)	−1207·0	−1127·7	88·7	81·25
CaC₂(s)	−62·7	−67·7	70·2	62·34
CaCl₂(s)	−794·6	−750·1	113·	72·63
CaO(s)	−635·5	−604·1	39·	42·80
Ca(OH)₂(s)	−986·58	−896·75	76·1	84·5
Cl(g)	121·38	105·40	165·087	21·841
Cl₂(g)	0·00	0·00	222·94	33·9
Cu(s)	0·00	0·00	33·3	24·46
CuCl(s)	−134	−118	91·6	
CuCl₂(s)	−205			
CuO	−155	−127	43·5	44·3
Cu₂O(s)	−166·6	−146·3	100	69·8
Fe(s)	0·00	0·00	27·1	25·2
Fe₂O₃(s)	−822·1	−740·9	89·9	104·
Fe₃O₄(s)	−1117·	−1014	146	
H(g)	217·94	203·23	114·611	20·786
HBr(g)	−36·2	53·22	198·47	29·1
HCl(g)	−92·311	−95·265	186·67	29·1
HI(g)	25·9	1·29	206·32	29·1
H₂(g)	0·00	0·00	130·58	28·83
H₂O(g)	−241·826	−228·595	188·72	33·57
H₂O(l)	−285·840	−237·191	69·939	75·295
H₂S(g)	−20·14	−33·02	205·6	33·9
Hg(g)	60·83	31·7	174·8	20·78
Hg(l)	0·00	0·00	77·4	27·8
HgCl₂(s)	−230			76·5
HgO(s, vermelho)	−90·70	−58·534	71·9	45·73
HgO(s, amarelo)	−90·20	−58·404	73·2	
Hg₂Cl₂(s)	−264·9	−210·66	195·	101
I(g)	106·61	70·148	180·682	20·786
I₂(g)	62·24	19·37	260·57	36·8
I₂(s)	0·00	0·00	116	54·97
K(s)	0·00	0·00	63·5	29·1
KBr(s)	392·1	−379·1	96·44	53·63
KCl(s)	−435·868	−408·32	82·67	51·50
KI(s)	−327·6	−322·2	104·3	55·06
Mg(s)	0·00	0·00	32·5	23·8
MgCl₂(s)	−641·82	−592·32	89·5	71·29
MgO(s)	−601·82	−569·56	26·	37·4
Mg(OH)₂(s)	−924·66	−833·74	63·13	77·02
N(g)	358·00	340·87	153·195	20·786

Dados termodinâmicos a 298·15 K (cont.)

Substância	ΔH_f^0 kJ mole⁻¹	ΔG_f^0 kJ mole⁻¹	S^0 JK⁻¹ mole⁻¹	C_p^0 JK⁻¹ mole⁻¹
$NH_3(g)$	−46·19	−16·63	192·5	35·66
$NO(g)$	90·374	86·688	210·61	29·86
$NO_2(g)$	33·85	51·839	240·4	37·9
$N_2(g)$	0·00	0·00	191·48	29·12
$N_2O(g)$	81·54	103·5	219·9	38·70
$N_2O_4(g)$	9·660	92·286	304·3	79·07
$Na(s)$	0·00	0·00	51·0	28·4
$NaBr(s)$	−359·94			52·3
$NaCl(s)$	−411·00	−384·02	72·38	49·70
$NaHCO_3(s)$	−947·6	−851·8	102·0	87·61
$NaOH(s)$	−426·72			80·3
$Na_2CO_3(s)$	−1130	−1047	135	110·4
$O(g)$	247·52	230·09	160·953	21·909
$O_2(g)$	0·00	0·00	205·02	29·35
$Pb(s)$	0·00	0·00	64·89	26·8
$PbCl_2(s)$	−359·1	−313·9	136	76·9
$PbO(s,\ amarelo)$	−217·8	−188·4	69·4	48·53
$PbO_2(s)$	−276·6	−218·9	76·5	64·4
$Pb_3O_4(s)$	−734·7	−617·5	211	147·0
$S(s,\ ortorrômbico)$	0·00	0·00	31·8	22·5
$S(s,\ monoclínico)$	0·029	0·096	32·5	23·6
$SO_2(g)$	−296·8	−300·3	248·5	39·78
$SO_3(g)$	−395·1	−370·3	256·2	50·62
$S_8(g)$	100			
$Si(s)$	0·00	0·00	18·7	19·8
$SiO_2(s,\ quartzo)$	−859·3	−805·0	41·84	44·43
$Zn(s)$	0·00	0·00	41·6	25·0
$ZnCl_2(s)$	−415·8	−369·25	108	76·5
$ZnO(s)$	−347·9	−318·1	43·9	40·2

Foi aceite por acordos internacionais um conjunto de valores termodinâmicos, os quais são indicados no *Journal of Chemical Thermodynamics*, **3**, 1 (1971).

Apêndice II

Dados termodinâmicos para iões em solução aquosa a 298·15 *K*

O estado padrão adoptado para iões em solução aquosa é uma solução ideal de molalidade unitária. Os valores das propriedades termodinâmicas abaixo citadas são calculados partindo-se do princípio que são zero os valores para o ião H⁺ em tais soluções.

Iões	$\Delta H_f^\ominus/(kJ\,mol^{-1})$	$\Delta G_f^\ominus/(kJ\,mol^{-1})$	$S^\ominus/(J\,K^{-1}\,mol^{-1})$	$C_p^\ominus/(J\,K^{-1}\,mol^{-1})$
Ag⁺(aq)	105·9	77·111	73·93	38
Ba⁺⁺(aq)	−538·36	−560·7	13	—
Br⁻(aq)	−120·9	−102·82	80·71	−128·4
Ca⁺⁺(aq)	−542·96	−553·04	−55·2	—
Cl⁻(aq)	167·45	131·17	55·10	−125·5
H⁺(aq)	[0·00]	[0·00]	[0·00]	[0·00]
I⁻(aq)	55·94	51·67	109·4	130·0
K⁺(aq)	−251·2	−282·28	102·5	—
Mg⁺⁺(aq)	−461·96	−456·01	−118·0	—
Na⁺(aq)	−239·66	−261·87	60·2	—
NH₄⁺(aq)	−132·8	−79·50	112·0	—
OH⁻(aq)	−229·94	−157·30	−105·4	−134·0
S⁻⁻(aq)	42	84	—	—
SO₄⁻⁻(aq)	−907·51	−741·99	17·2	17
SO₃⁻⁻(aq)	−624·3	−532·2	43·5	—
Zn⁺⁺(aq)	−152·4	−147·21	−106·5	—

Leituras posteriores

Textos elementares

MAHAN, B. H., *Elementary chemical thermodynamics*, Benjamin, New York (1963). Uma introdução ao assunto muito lúcida — um pouco mais elementar que este livro.

NASH, L. K., *Elements of chemical thermodynamics*, Addison-Wesley, Reading, Massachusetts (1962). Uma outra introdução concisa ao assunto.

Livros de textos mais avançados

CALDIN, E. F., *An introduction to chemical thermodynamics*, Oxford University Press (1958). Um livro de texto moderadamente avançado com explicações muito completas dos pontos difíceis.

EVEREIT, D. H., *Chemical thermodynamics*, Longman London (1971). Um livro com uma aproximação ao assunto original e estimulante. A nomenclatura, embora altamente sistemática, por vezes mostra-se difícil para principiantes no assunto.

LEWIS, G. N. e RANDALL, M. revisto PITZER, K. S. e BREWER, L., *Thermodynamics*, Freeman, San Francisco (1965). Um tratamento do assunto lúcido, completo e exaustivo.

BENT, H. A., *The second law*, Oxford University Press, New York (1965). Uma aproximação interessante e entusiasmadora. A melhor leitura de mesa-de--cabeceira em termodinâmica química com citações históricas fascinantes.

Livros da colecção "Oxford Chemistry Series" relacionados

PASS, G., *Ions in solution* (3), Clarendon Press, Oxford (1973).

ROBBINS, J., *Ions in solution* (2): *an introduction to electrochemistry*, Clarendon Press, Oxford (1972).

Índice alfabético

Actividade
  conceito e definição, 113
  e equilíbrio em reacções, 120-122
  de sólidos em líquidos, 115-117
  em soluções de electrólitos, 117-118
Afinidade, 61
Água
  diagrama de fases, 51
  formação a partir de elementos, 78
  variação da entalpia ao congelar, 77
Associação, grau de, 107
Avanço, grau de, 60

Bombas térmicas, 41-42
Bromo, dissociação de, 66-67
n-butano
  determinação de dados termodinâmicos, 81-89
  equilíbrio com i-butano, 60
  pressão de vapor, 55
  tabela de entropia, 86
Calor
  definição, 14
  e entropia, 28-30, 33
  fluxo, 9, 33
  interpretação molecular, 15
Calorímetro
  adiabático de vazio, 84-85
  de bomba, 82-83
  de chama, 82-83
Capacidade calorífica
  definição, 14
  e a determinação de entropia, 79-80
  e a equação de Kirchhoff, 76
  medidas de, 84-85
  a pressão constante, 23-24
  e variação de entalpia em reacções, 76
  a volume constante, 23-24
Carbonato de cálcio, dissociação de, 39
Clapeyron, equação de, 52

Clausius-Clapeyron, equações de, 52-54
Coeficiente de actividade, 113, 116
Coligativas, propriedades, 100-109
Condição de equilíbrio — ver equilíbrio
Constante de equilíbrio — ver equilíbrio

Depressão do ponto de congelação, 102-104
Diagramas de fase, 50-51
Gás perfeito
  capacidade calorífica, 24
  definição, 10-11
Diferenciais exactas, 21
Dióxido de azoto, associação, 39, 46, 66
Dissociação, grau de, 107

Electroquímicas, pilhas, 122-126
Elevação do ponto de ebulição, 104-106
Endotérmicos, processos, 8
Energia
  barreiras em reacções, 78
  conservação de, 12
  interna, 16-17
Energia interna
  calor, 22-23
  capacidade calorífica, 24
  definição, 16-17
Energias de ligação, 75-76
Energia livre — ver Gibbs ou Helmholtz
Energias livres de formação padrão
  definição, 77
  determinação de, 79-87
  tabelas, 143-146
Energia livre de reacção, 62, 122
Entalpia
  definição, 22
  de solução, 111-112
  de vaporização, 52-55
  variação de entalpia função da temperatura, 96-97

Entalpia de formação padrão
definição, 74
determinação, 81-84
tabela, 143-146
Entalpia de solução diferencial, 112
Entalpia de solução integral, 112
Entropia
base molecular, 35-38
de n-butano, tabela, 86
definição, 30
como função de estado, 31
como função da temperatura, 35
determinação de, 79-81, 84-86
e equilíbrio, 30-31
e fluxo de calor, 33
em função da pressão, 34
magnitude das variações de entropia, 39-40
e máquinas térmicas, 40-41
padrão, tabelas, 143-146
e probabilidade, 35-37
e o terceiro princípio da termodinâmica, 79-81
de vaporização, 39
Equação de estado
definição, 19
de gases, 134-135
Equação de Kirchhoff, 76
Equações fundamentais, 69
Equilíbrio
de fases, 49-51
em reacções gasosas, 60-64
em soluções, 120-122
Equilíbrio, condições de
e energia livre de Gibbs, 44-45
e energia livre de Helmholtz, 43-44
e entropia, 30
e o potencial químico, 57-58
e reversibilidade, 5-7, 26
e o segundo princípio, 27
em sistemas mecânicos, 2-5
Equilíbrio, constante de
definição, 62
dependência da pressão de, 67-68
dependência da temperatura de, 64-66
determinação, 88-89
e a energia, lei de Gibbs, 62
para gases imperfeitos, 139
e pilhas electroquímicas, 126
para soluções não ideais, 121
Equilíbrios de oxidação-redução, 130
Estados padrão
e actividade, 116-120
dependência da pressão, 92-93
para elementos, 72
para gases, 48
do soluto, 111-112
do solvente, 98-100
sumário de, XIV
Etano
entalpia de formação, 76
Exotérmicos, processos, 8
Expansão de um gás perfeito
adiabática, 132-133, 134
irreversível, 133-134
isotérmica, 31-32, 132, 134
para vazio, 9
Experiência de Joule, 136
Experiência de Joule-Thomson, 136-138
Extensivas, propriedades
definição, 19

Força electromotriz de pilhas, 122-130
Fracção molar
definição, 11
Fugacidade
cálculo de, 140
definição, 138
e o equilíbrio gasoso, 139
Função de estado
definição, 19
propriedades, 21

Gases
capacidade calorífica, 24
equilíbrio em, 60-64
misturas de gases perfeitos, 11
perfeitos, 10
Gases imperfeitos, 138

ÍNDICE ALFABÉTICO

Gibbs, energia livre de
e a condição de equilíbrio, 45
definição, 45
dependência da pressão, 47-48
dependência da temperatura, 48-49
determinação da variação da, 79
e equilíbrio de fases, 49-50
de formação, padrão, 77-78
de formação, tabelas, 43-46
e grau de avanço, 60-64
padrão, 48
de reacção, 62
Gibbs-Helmholtz, equação de
derivação da, 48-49
e o equilíbrio químico, 49, 64-66
e as propriedades coligativas, 102-106
e a solubilidade, 97-98, 111
e a vaporização, 53-54

Haber, processo de, 1, 65
Helmholtz, energia livre de
e a condição de equilíbrio, 43
definição, 43
Henry, Lei de, 110-111, 113, 116, 119, 121
Hess, Lei de, 72

Intensivas, propriedades, 19
Irreversíveis, processos — ver processos.
Isocora de Van't Holf,
derivação da, 64
e equilíbrio em solução, 121
e a isomerização do butano, 81-89

Joule, experiência de, 136
Joule-Thomson, experiência de, 136-138

Kirchhoff, equação de, 76

Le Chatelier, princípio de, 70
Lei da distribuição de Nernst, 111
Lei de Henry, 110-111, 113, 116, 119-121
Lei de Hess, 72

Lei de Raoult, 90, 95-96, 109-110
desvios da, 113-115
Lei Zero da Termodinâmica, 14
Líquidos
mistura de, 95-96
pressão de vapor, 53-55

Máquinas térmicas, 40-41
Maxwell, relações de, 135
Metano
energias de ligação, 75
entalpia de formação, 72-74
Misturas
de gases perfeitos, 11
de líquidos, 95-96

Naftaleno, solubilidade do, 98
Nernst, lei da distribuição, 111

Osmótica, pressão, 107-109

Pesos moleculares
anómalos aparentes, 107
da depressão do ponto de congelação, 104
da elevação do ponto de ebulição, 106
da pressão osmótica, 109
Pilhas electroquímicas, 122-126
Potenciais de eléctrodo padrão
definição, 126
tabela de, 129
Potencial químico
definição, 56
e energia livre, 58
em gases imperfeitos, 138-139
em soluções ideais, 91-93
em soluções não-ideais, 113-115
Pressão osmótica, 107
Pressão parcial, definição, 11
Pressão de vapor
de n-butano, tabela, 55
de líquidos, 54
Primeiro Princípio da Termodinâmica, 15-16

ÍNDICE ALFABÉTICO

Princípio de Le Chatelier, 70
Princípio Zero da Termodinâmica, 14
Probabilidade
  e entropia, 36-37
Processos endotérmicos, 8
Processos exotérmicos, 8
Processos de Haber, 1, 65
Processos irreversíveis
  expansão do gás perfeito, 32
  em sistemas mecânicos, 2, 26-27
  e trabalho máximo, 26
Processos reversíveis
  expansão de gás perfeito, 32
  em sistemas mecânicos, 2, 26-27
  e trabalho máximo, 26
Propriedades coligativas, 100-109
Propriedades extensivas
  definição, 19
Propriedades intensivas
  definição, 19

Quantidades molares parciais, 59

Raoult, Lei de, 90, 95-96, 109-110
Relações de Maxwell, 135
Reversibilidade e equilíbrio, 5-7, 26

Segundo Princípio da Termodinâmica
  base estatística, 38
  enunciado do, 27
Sistemas
  definição, 2
Sistemas mecânicos, 1-7
Soluções ideais
  definição, 90
  depressão do ponto de congelação
  em, 102-104

elevação do ponto de ebulição em, 104-106
pressão osmótica em, 107-109
e as propriedades coligativas, 100-109
de sólidos em líquidos, 97-98
soluções ideais diluídas, 98-100
soluções verdadeiramente ideais, 93-95
Soluções não-ideais
  e actividade, 113
  de electrólitos, 118-119
  equilíbrio, 120-122
  de sólidos em líquidos e actividade, 114-117
Soluções de sólidos em líquidos, 97-98, 111-113
Solventes
  tabelas de propriedades, 105

Temperatura
  conceito de, 14
  medição, 14-15
Terceiro Princípio da Termodinâmica, 79-80
Tetróxido de dinitrogénio, dissociação de, 39-40, 46, 66
Trabalho
  convenção de sinal para, 12
  definição, 12
  e a energia livre de Gibbs, 44-45
  e a energia livre de Helmholtz, 43
  de expansão, 12-13
  máximo, 6, 27
  em processos mecânicos, 2-7
  e reversibilidade, 6, 26
  e a segunda lei, 27
Trouton, regra de, 39

Composto e impresso nas Oficinas da «Gráfica de Coimbra»